アロマ調香を
極める!

アロマ
フレグランスの
教科書

井崎真奈美 著

セルバ出版

はじめに

植物の香りには人の情動に深く訴えかける力があります。

一瞬にして高揚させて幸せな気分にさせたり、優しく慰めてくれたり、時には気持ちを奮い立たせてくれたりします。

アロマテラピーの分野において、エッセンシャルオイル（精油）のメディカルな効能がクローズアップされる一方、いつも身近で優しく心地よい香りを楽しむことのできる、新しいアロマテラピーの形はないのかと模索するうちに、アロマ調香に関する知識と技術が必要不可欠であると実感したのが、アロマフレグランスの調香メソッドをつくり上げるきっかけでした。

１人ひとりの感性やセンスで、それぞれの表現したいテーマに合わせた香りを美しく調律（ハーモナイズ）する「アロマフレグランス」は、私たちの心に寄り添い味方になってくれる自然の恵みそのものです。

植物の香りの優しく力強いパワーが、これからのAI時代と裏腹に訪れる「こころの時代」を生きる私たちにとって必要なものであることを予てから強く感じてきましたが、コロナ禍による不安や不自由な生活からくるストレスを余儀なくされる現代において、身近に豊かな自然を感じることの必要性を本能的に感じる人も増えてきているのではないでしょうか。

自然の香りを身近に手軽に心地よく使える香りとして、フレグランスのもつ繊細さと美しさを表現できる、アロマテラピーとフレグランスを融合させた天然香料の調香技術は、複雑な社会を生きる私たちにとって、ますます必要な技術となるでしょう。

本書では、アロマ調香を趣味として生活に活かしたい方から、イベントやセミナー講師としての活動、香り商品の企画・販売、香りの空間演出など、アロマ調香をやりがいのあるお仕事に活かしたい方に向けて、天然アロマの心への作用がありながら、香水のように繊細で美しい香りを追求したアロマ調香に必要なスキルや知識を体系的に順序だててお伝えしていきます。

癒しや幸福感、心の充足感を与える香りの調香の世界に一歩踏み出してみましょう。

２０２１年6月

井崎真奈美

アロマ調香を極める！

アロマフレグランスの教科書　目次

第３章　テーマに応じた香りのセレクト

第４章　調香作業の手順

第５章　香りの組み立て方

第６章　言葉による香りの表現

第７章　カウンセリング方法の例

第８章　世界の名香にみるレシピからのヒント

第9章　アロマフレグランスを販売する上での安全性

第１章
香りの世界へようこそ

1　アロマフレグランスとは

エッセンシャルオイルで奏でるフレグランス

天然香料（アロマテラピーで使用するエッセンシャルオイルなど）の特性を活かしつつ、香りの芸術性を追求したフレグランスです。

アロマテラピー用として一般的に入手できるエッセンシャルオイルに限らず、フレグランスという芸術の構成に必要な天然香料を含む 80 種類以上の香りを使用して調香します。

古（いにしえ）のフレグランスとは

19 世紀に入り、化学の発達でもたらされた合成香料によって、当時の調香師のパレットには様々な魅力的な香料が加わりました。それにより世界的な名香が次々と発表されて人々を魅了し、香水産業は飛躍的な発展を遂げます。

しかし、そのような洗練された香りを人々が知る前、はるか古代のエジプトやローマなどで薫香や浸剤として用いられ、その後、中世ヨーロッパで人々が愉しんだ、天然香料のみで調香された香りとはどのようなものだったのでしょう。

天然の香りには、合成したものではどうしても模倣できない神秘的で優しく力強い自然の波動が息づいていると言われます。

自然の恵みが詰め込まれた香水は、時には人の心を躍らせ、時には優しく慰め、勇気や元気をもたらす「気付け薬」としても使われてきました。

香りの心理的効果と芸術性の融合

現代、あらゆる情報や技術の発達が私たちの生活を便利で豊かなものにしてくれている反面、ストレスや孤独感がクローズアップされる時代において、嗅覚を通して五感の中で唯一ダイレクトに本能に伝わる香りだからこそ、身近にまとうフレグランスに天然香料を求める人も増えてきています。

そして、合成香料の使用によって洗練された美しい旋律に慣れた私たちにとって、それは単にエッセンシャルオイルをブレンドしたものではなく、自己を表現する芸術性の高い香りであり、ファッションを彩るものであってほしいと思います。

これまで独自に重ねてきた香料の組み合わせや濃度の調整などの研究により、天然香料のみを用いたフレグランスアートの調香技術・メソッドを実現したのが自然香水「アロマフレグランス」です。

【図表1　自然香水アロマフレグランス】

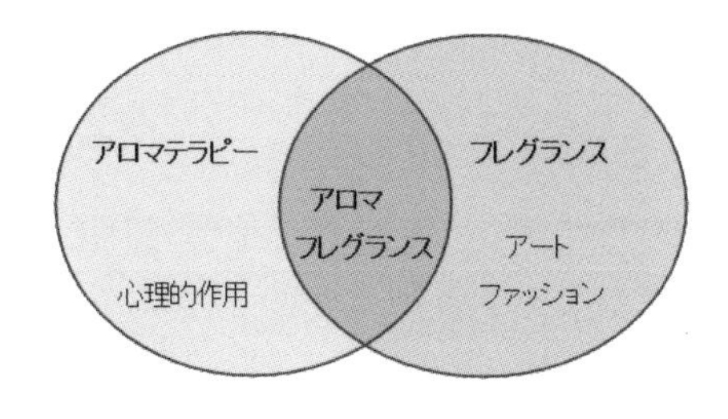

2　香料の歴史

香料の歴史は人類の歴史に密接に関わってきた

古代の人々が香りのよい木や草を焚いて、その香煙を神仏にささげていたのが始まりと言われています。香料を表す英語“perfume”の語源が、ラテン語で「煙によって」という意味の“per fume”であることからもその由来が伺えます。

このように、西洋でも東洋でもその始まりは宗教的儀式と関係が深く、現代でもお寺や教会、モスクの中をお香で満たす行為が世界中の宗教に見られます。香料の歴史について時代を遡ってみてみましょう。

紀元前3000年　メソポタミア・古代エジプト時代

香料が初めて歴史に登場するのは、紀元前3000年頃のメソポタミアです。シュメール人は、レバノンセダーや白檀（びゃくだん）、肉桂（にっけい）、イリス（あやめの一種）の根や、香りのよい樹脂などで神への薫香を捧げていました。

古代エジプトでも、香りは「甦り＝再生」に繋がると考えられており、香料は、古代エジプト人にとって、欠くことのできない貴重なものとして、主に神殿で焚かれていました。

日の出にはフランキンセンス（乳香）、正午にはミルラ（没薬）、そして日没にはショウブ、シナモン、アカシア、バラ、蜂蜜など複数の香料を調合したキフィという香料が捧げられました。

キフィは別名「聖なる煙」、「神々を迎え入れる香水」とも呼ばれ、世界最初の調香とも言われます。

また、古代エジプト人たちは、王様が亡くなると、その亡き骸に防腐作用のある香料をたっぷりと塗り、ミイラにして手厚く葬りました。

紀元前後　香りを楽しむ風習の広がり

そして時代は下り、王族や貴族たちの間で、花や実を油脂に浸してつくった香油を体に塗る習慣が生まれ、次第に庶民にも広まっていきました。

紀元前5世紀頃の古代ギリシャでは、香料が薬用や燻蒸、体に塗る香油として人々を魅了していたことが、「植物学の祖」と呼ばれるテオフラストスの「香気について」という論文により伺い知ることができます。

この論文の中では、複数の香料を調合することで香りのトーンが変化することや、香料の保留剤についての考察、ワインなどのアルコールが香り立ちをよくすることなどについても言及しています。

また、香り使いの名人と呼ばれ、香りでシーザーやアントニウスを魅了したというクレオパトラや、バラの香りをことのほか愛し、ローマの公衆浴場や噴水など街中をバラの香りで満たしたと言われる皇帝ネロの逸話も今に伝わっています。

中世期（11世紀）　水蒸気蒸留法の発明と香り文化の開花

ヨーロッパでは、キリスト教の勢力が強まるとともに香料は贅沢で不道徳なものと考えられるようになりました。

一方、イスラム圏では、ペルシャの哲学者・医学者・科学者であるイブン・スィーナー（アヴィセンナ）によって、植物の花、葉、根、枝、種子、樹皮、果実などを蒸留してエッセンシャルオイル（精油）を抽出する「水蒸気蒸留法」が発明され、それをアルコールに溶かした現在の香水の原型となるものがつくられました。

東方からもたらされたそれらの香料、シナモンや胡椒、クローブなどのスパイス類や、白檀、パチュリ、麝香などが11～13世紀の十字軍遠征によって、ヨーロッパへと伝わりました。

当時、スパイスなどの香料は金銀よりも高価とされ、重要な産物としてヨーロッパに広がって香り文化も花開くこととなります。

ヨーロッパにおけるアルコールベースの香水の起源の1つと言われているのが、「ハンガリー水（ハンガリー王妃の水）」です。主にはローズマリー（若返りのハーブ）をアルコールと共に蒸留したものであったようですが、それまではワインのベースまたは油性の混合物に香料を混ぜ込んでいたため、現代香水の元祖的存在と言われ、伝説とレシピが語り継がれています。

3　香水の誕生と時代による流行

ルネッサンス時代　香水文化がイタリアからフランスへ

16世紀末にイタリア メディチ家のカトリーヌ(カトリーヌ・ド・メディチ)がフィレンツェからお抱え調香師を連れてフランスのアンリ2世に輿入れしたことで、フランスでの香水文化が広まりました。

フランスの香水産業の発展において重要な地が、南フランス・カンヌの北西17kmにあるグラースという町です。現在、世界の香料の中心地ともいうべきこの町は、温暖な気候と穏やかな丘陵地であることから、ジャスミン、ローズ、ラベンダー、オレンジフラワーなど、多くの香料植物の栽培に適しており、この町は「香料のメッカ」とまで呼ばれるようになりました。

12世紀末頃には皮革製品の製造で繁盛しており、なめし皮の匂いを取るため香料を染み込ませる目的で香料を使用していましたが、そこに不況による皮革産業の衰退やイタリアの調香師の起用により、香水産業が栄えていきました。

近世紀（17世紀）　ヨーロッパにおける香水文化の発展

ベルサイユ宮殿を建立したフランス王ルイ14世は「最もかぐわしい皇帝」と言われるほどの香り好きで、宮廷では香水が大流行しましたが、ルイ王朝時代、お風呂に入る習慣のない貴族たちが体臭を消すエチケットとして、またトイレが少ない宮内の悪臭を消すマスキングとして競って香水を使いました。

当時は人間の体臭や排せつ物の匂いを消すために、動物性の香水が主流だったと言われます。

そこに新しい風を吹き込んだのが、オーストリアからルイ16世の妃として輿入れしたマリー・アントワネットです。やはり香水好きで動物性の香水が主流の中でバラやすみれ、ハーブなど植物性の香りを愛用したとされ、当時ではかなり垢抜けていたと言われます。現代の香水の基盤をつくったとも言えるのではないでしょうか。

18世紀後半のフランス革命後、皇帝となったナポレオンの香り好きも有名です。ケルンを占領した際に「アクア・ミラビリス（すばらしい水)」のちに「ケルンの水」といわれる）という、現地で流行していた軽やかな香りのオーデコロンに出会ったことで、それまであまりフランスにはなかったこの爽やかな香りにすっかり夢中になったと言われます。

軍隊を率いり血なまぐさい戦争に明け暮れたナポレオンにとって、その柑橘系の心を元気にして勇気づけてくれるその香りは必要な友だったのでしょうか。

この香りは、今なお、『4711』という名前で売られており、「世界で最初のオーデコロン」として愛され続けています。

産業革命の時代（19世紀）　合成香料の発見による香水産業の発展

19世紀になると、おもに石炭を原料にさまざまな香り物質が人工的に合成されるようになりました。1868年には、石炭から得られるコールタールからトンカ豆の芳香成分「クマリン」を合成することに成功しました。

また化学者たちが物質の基本的な化学構造に注目し始め、芳香成分の化学構造に関する研究が進められた結果、ヘリオトロープの花の芳香成分「ヘリオトロピン」、バニラ豆の芳香成分「バニリン」などが合成されました。そしてさらに、いろいろな精油に含まれる芳香成分の化学構造が解明されていくにつれ、より多くの芳香成分の合成が可能となりました。

20 世紀に入ると、芳香成分の分子の立体構造に関する研究が進められるようになり、雄のジャコウジカから採取されるムスクの芳香成分に含まれている「ムスコン」をはじめ、数々の天然にある芳香成分の構造を解明して、それらに代わるものの合成に成功しました。

その後も、様々な芳香成分の詳細な分子構造等が明らかになってきて、複数の芳香成分が組み合わさった複雑な香りも合成によって再現することができるようになりました。

これらの合成香料の発見により、自然界に存在する香り成分の再現が可能となり、大量生産、低コストにより香水が一般庶民の手に届くものになります。

また、自然界に存在しない香り成分（ニューケミカル）の創造により、香りのバリエーションが拡大し、持続力が長くなったのも躍進的なことでした。

香水史を塗り替えた合成香料

合成香料を配合した初めての香水は、ウビガン社の「フジェールロワイヤル」（1882 年）です。

合成香料クマリンにラベンダーなどを混ぜ合わせた香りは一大旋風を巻き起こし、以後このような香りを“フゼアタイプ”と呼ぶようになりました。今日でもクマリン はフゼアタイプの香水には欠かすことのできない香料です（※フジェールロワイヤルは現在廃盤となっています）。

また、香水の世界を変革し、近代香水の始まりと言われるゲランの「ジッキー」(1889年)には、1876年に発見されたバニラ様の香気を持つ合成香料バニリンが配合されています。

バニリンは21世紀の現在においてもオリエンタルタイプの深みや甘さを表現する上で極めて重要な香料となっています。

合成香料の出現により、20世紀以降、時代を超えて愛される香水の誕生と時代のトレンドができあがり、世界中の人々が称賛する「名香」と呼ばれる作品が次々と生まれました。

ここでは、簡単に時代のトレンドを纏めています。

【図表2　香水の誕生と時代のトレンド】

①1910年～1945年　アルデハイドをはじめとする合成香料を使用した新しい香水の登場

名香を生み出したブランド、ゲラン、コティー、キャロン、シャネルなどが次々と新しい香りを世に送り出します。CHANEL NO.5は現代の香りの源流となる香水として有名です。

② 1945～1969年　第2次世界大戦の終結により新しい時代へ

パリオートクチュールメーカーフレグランスの花盛り(エルメス、ニナリッチ、ジバンシーなど)、天然のフローラル香料を活かしたフローラル調やシプレ調が流行します。

※キーワード……リッチな女性らしい香り

③ 1970～1979年　社会への女性の進出、ウーマンリブの台頭

爽やかなグリーン調の香りが流行します。「シャネル No.19」。

※キーワード……颯爽とした活動的な女性の香り

④ 1980 ～ 1989 年　女らしさの再認識

フェミニンな香り、ホワイトフローラル調の香りの流行「オンブル　ローズ」「パリ」＆官能的で妖艶なオリエンタル調の香りの流行　「プアゾン」「サムサラ」。

※キーワード……エレガントと妖艶、対極ともなる２つの香り

⑤1990 ～ 1999 年　優しさ、安らぎ、平穏を願う時代背景を写した香りの台頭

優しく癒される香り「ETERNITY」、水をテーマにした香り「ロードイッセイ」、お茶の香り「オ・パフュメオーテヴェール」などが流行に。

※キーワード……癒される香り

⑥ 2000 年～現在　複数の方向の香りの共存

フルーティーな香りの台頭、グルマン系の香りが人気になります（「エスカーダ」シリーズなど）。

一方、この頃からまたナチュラル系の天然香料のよさが再び見直されてきました。

※キーワード……バラエティーに富んだ香りを選ぶ時代

4　天然香料について

天然香料とは

天然の素材から抽出した香りで、植物性香料と動物性香料に分けられます。アロマテラピーで使われるエッセンシャルオイルは植物性香料にあたります。

①植物性の天然香料（エッセンシャルオイル）

植物の花・葉・果皮・樹皮・根・種子・樹脂などから抽出した天然の素材で、有効成分を高濃度に含有した芳香物質です。精油は、各植物によって特有の香りと機能を持ち、アロマテラピーの基本となるものです。

エッセンシャルオイルは植物のからだ全体に平均的に分布しているのではなく、特殊な分泌腺で合成され、「油胞」という小さな袋に蓄えられますが、その場所は植物によって異なります。

例えば、かんきつ類の油胞は果皮の表面近くにありますが、ペパーミントなどのシソ科の植物は葉の裏に、ローズやジャスミンなどは花びらにあります。抽出部位によって、香りの特性が分かれるのも興味深いところです。

【図表３　エッセンシャルオイルの抽出部位の例】

部位	抽出部位	例
花	花びら	ローズ、ジャスミン、ネロリ、カモミール
葉	葉の裏	ペパーミント、ユーカリ、ローズマリー
果実	果皮	オレンジ、グレープフルーツ、レモン
木	木材	サンダルウッド、シダーウッド

エッセンシャルオイルの抽出方法

エッセンシャルオイルは、植物の特性や抽出部位により異なる方法を用いて抽出します。ここでは代表的な３つの抽出方法をご紹介します。

なお、その他の抽出法として、アンフルラージュ法（冷浸法）、マセレーション法（温浸法）、CO2 蒸留法などがあります。

水蒸気蒸留法

アラビアで10世紀末に発明された抽出法で、原料植物に水蒸気をあてて気化させ、その後急速冷却することにより、エッセンシャルオイルとハーブウォーターを抽出します。

現在の装置はより大きく複雑になっていますが、基本原理は変わっていません。

(ⅰ) 蒸し器のような釜にエッセンシャルオイルの原料となる植物を入れて火を焚き、蒸気を発生させ加熱し、香りのエッセンスを蒸気の中に放出させます（蒸気と加熱により植物の細胞に含まれている香りのエッセンスの壁が壊されます）。

(ⅱ) 香りのエッセンスを含んだ蒸気をパイプに集めて、そのパイプを冷却することで中の水蒸気を液体に変えます。

(ⅲ) この液体をためておくと、エッセンシャルオイルは水より軽いので上部に浮き、下部には蒸留水ができ上がります（ラベンダーを蒸留した場合、上部がエッセンシャルオイルで下部がラベンダー水になります。ローズの場合は、この蒸留水を再度蒸留して、濃度の高いローズ水にします）

【図表４　水蒸気蒸留法】

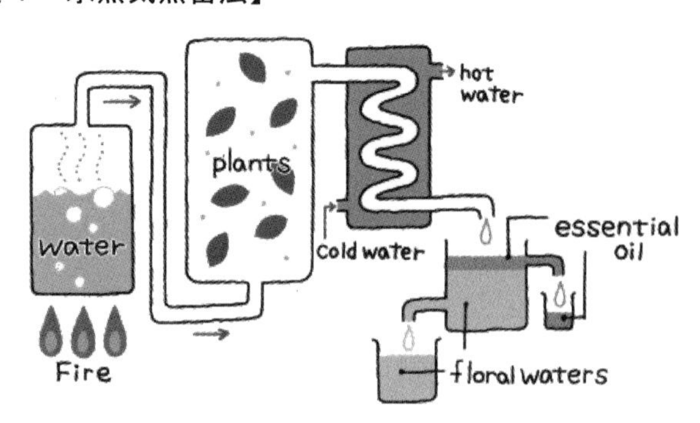

圧搾法

グレープフルーツやレモン、ベルガモットなど、柑橘系の果皮から抽出する場合に利用されている抽出法です。ローラーや遠心分離機などでつぶす（圧搾）ことによってエッセンシャルオイルを抽出します。

熱に弱く酸化の早い柑橘類は、この方法で抽出します。花などに比べて、量が沢山とれることから、比較的安価で手に入れることができます。

溶剤抽出法

ジャスミンなど、熱を加える水蒸気蒸留法に向かないデリケートな香りのものや、大量に花びらが必要になるためコストがかかりすぎてしまうローズなどに利用されている抽出法です。

溶剤を用いて香り成分を取り出す方法で、抽出したものをアブソリュート（Abs）と呼び、この部分がエッセンシャルオイルとなります。

この方法で採れたものは、天然の赤褐色がかった色素が残っていることが特徴となります。

エッセンシャルオイルの価格差

このようにいずれの工程においても、時間や人の手間がかかり、大量生産というわけにはいきません。また、かなり純度の高いものを抽出するため、例えばローズのエッセンシャルオイルを1滴（0.05ml）とるために、約50本のバラの花（約300枚以上の花弁）が必要と言われています。

ですから、採取できるオイルが少量であればあるほど、値段が高価になります。ハーブや柑橘系に比べて、花のオイルが高価なのはこのためです。

②動物性の天然香料

天然のアニマルノートとして知られる香料は、保留剤（香りを持続させるもの）として優れていますが、非常に高価であること、動物保護のためワシントン条約により制限されていることから、現在ではほとんどすべてが合成香料で代用されています。

アロマフレグランスでは、ムスク様、アンバーグリス様の香りがする植物性のエッセンシャルオイルを代用します。

次が調香に用いられる動物性の天然香料です。

- ムスク（麝香鹿の下腹部にある香嚢から採取）
- シベット（麝香猫の体内にある分泌腺から採取）
- カストリウム（ビーバーの肛門に近い香嚢から採取）
- アンバーグリス（マッコウクジラの腸内で生理現象的にできる結石から採取）

5　合成香料について

合成香料とは

合成香料とは、化学的な方法で人工的に精製・製造された香料のことで、大きく分けると天然単離香料と合成香料があります。

天然単離香料は天然香料よりも香りが長く持続するため、香水や部屋・トイレの芳香剤、柔軟剤などによく使用されています。

①天然単離香料

天然香料に含まれる成分を、蒸留や抽出、結晶化などの物質的操作により取り出したものです。化学的な方法により、自然には単独では存在しない成分を取り出します。

例）天然香料　　　　　　　天然単離香料

ペパーミント ⇒ メントール
シトロネラ ⇒ シトロネラール
クローブ ⇒ オイゲノール
ローズウッド ⇒ リナロール
サンダルウッド ⇒ サンタロール

②合成香料

香りを有する化学物質を人工的に合成したもので、非常に強い芳香をもつ分子でできた香りです。アルデハイドなど、ガソリンやベンゼン化合物の化学反応を利用してつくられる香料で、他の成分にきらめきや生き生きとした印象を与えます。

合成香料は、次の２つに大きく分かれます。

（ｉ）天然香料に含まれる成分を分析し真似ることにより、化学的にその化学構造と全く同じ化合物を合成したもの

例）

天然香料	合成香料
ゼラニウム	ゲラニオール
ローズ	フェニエルエチルアルコール
ジャスミン	酢酸ベンジル
ムスク	ムスコン

（ii）天然香料の成分中には見出されない成分に非常に似た化合物を合成したもの。またはまったく新しい香気物質を合成したもの

例）ジャスミンの香りを模した「メチルジヒドロジャスモネート」、スイカやメロンなどの果実の香りを模した「ヘリオナール」など。

③調合香料

合成香料をそのまま使うことはほとんどなく、合成香料と天然香料の複数の素材を使って、パフューマー（食品の分野ではフレーバリスト）が嗜好性の高い香料に仕上げます。この作業を「調合」といい、この工程を経てできた香料を調合香料と言います。

多くは天然香料を再現したものや、天然香料の採取が不可能なものを再現したもの、あるいはパフューマーのイマジネーションでつくられたものになります。
例）スズラン（ミュゲ）に代表されますが、たくさんの香粧品などに用いられています。

【図表５　香料の種類】

<table>
<tr><td rowspan="2">天然香料</td><td>植物性香料</td><td rowspan="4">調合香料</td></tr>
<tr><td>動物性香料</td></tr>
<tr><td rowspan="2">合成香料</td><td>天然単利香料</td></tr>
<tr><td>合成香料</td></tr>
</table>

天然香料、合成香料とも、それぞれにメリットとデメリットがあります（図表６）。

【図表６　天然香料と合成香料のメリットとデメリット】

香料の種類	メリット	デメリット
天然香料	・アロマテラピー効果がある。 （心理面・抗菌・抗ウィルスなど） ・香りが優しい。 ・香りがしつこく残らない。	・価格が高い。 ・香りが安定しない。 ・供給量が安定しない。
合成香料	・価格が安い。 ・香りが安定している。 ・供給量が安定している。 ・香りのバラエティーがある。	・香りが強すぎる。 ・香りがいつまでも残る。 ・ケミカルに対するアレルギー。

香り製品の大量生産を可能にした合成香料によって、現代の私たちの身の回りには、香りが使われたさまざまな生活用品が増えています。手ごろな価格で簡単に手に入れることのできる、その商品を使うことにより、心地よいと感じ、快適さを感じる人も多いことでしょう。

現代では生活の中でなくてはならない合成香料ですが、実はこの合成香料が発見されて使われるようになったのはイギリスの産業革命をきっかけに 19 世紀に入ってからのことです。

人類のそれまでの長い歴史の中では、天然の香りの世界しか存在しませんでした。

当時の人々は、自らや他人を心地よくさせるために香りを用い、また気つけ薬のような形でも香りを利用したのでしょう。いつの世も、植物が与えてくれる香りは、人間に生きるものとしての本能を目覚めさせ、こころと身体のバランスを回復させてくれるものです。

現代は、合成香料のもつ利便性・機能性と天然香料のもつ贅沢さを上手く使い分ける時代なのかもしれません。

6　アロマ調香の特性

市販の香水について

市販されている香水のほとんどには合成香料が使用されています。その理由は、産地や気象状況などによって香りやコストが異なる天然香料に比べて、品質のばらつきがなく、大量生産できるため、安価で安定した供給ができるからです。

合成香料の出現により、それまで上流階級に限られていたフレグランスを市民が楽しめるようになりました。

また香りを保留したり、きらめきを与えたり、天然香料に加えることで洗練された美しさを表現できる合成香料により、フレグランス業界は躍進し､多くの名香と言われる作品が次々と生まれました。香水芸術は化学と密接に結びついていると言えます。

天然香料の調香を考える

合成香料を使って香水を調香するパフューマーには、香りの「構成」の修得や、時代に合ったまたは先取りしたセンスが必要とされ、天然の花の香りを自分の感性で再構築してそこに新しい素材を加え、絶妙なバランスをとることで香りの芸術を生み出します。

一方、天然香料のみを使った調香においては、すでに自然のバランスが取れた素材を使うため、香りの構成を一からつくる技術は必要なく、１つひとつが個性的で自己主張の強い主役の香りをどう組み合わせ調和させるかということになります。

合成香料の調香においては、天然香料の香気成分のうち、雑味を持つものや調香に必要とされないものを引き算することで、洗練されて美しく芸術性に満ちた香水を創造することを可能にします。

天然香料の調香においては、引き算はなく足し算のみの調香となります。

その天然香料の足し算を考えるにあたり、下記については考慮すべき点だと考えます。

①数百種類以上の香気成分のうち未だ解明できていない香気成分があること。
②すでに自然界において香りのバランスがとれていること。
③同じ香料名でも原産国や抽出方法等によって個体差があること。
④合成香料に比べて香りが穏やかで持続性がないこと。

天然香料の調香を行うとき、抽出部位が同じであっても異なる場合も、同じ香気成分同士は調和し、そこにもともとはあるはずのない相乗効果の香りが生まれます。
　また、数種類の香料の香りが調和したときに香りがスッと軽くシンプルになるという経験からも、上記①～④を鑑みても、自然の香りの不思議を感じます。
　そこには香気成分同士にどのような会合状態の変化が起こるのか、未だ解明の難しいところではありますが、天然香料の調香においては、「素材の持つ特性を活かす」という方法で香りのバランスをとることは十分可能だと考えます。

香りの強弱のバランスをとる

　具体的には、各天然香料の香りの強弱をなるべく均一にして調香する方法を用います。希釈することで、素材の持つ特性のバランスを取りやすくします。
　例えばレモンやグレープフルーツのように香りの弱いものは無水エタノールで10％濃度、ミントやスパイス類のように香りが強いものは１％濃度となるよう希釈した香料を用いることで、処方上で微妙な調整が可能となります。
　主役となるフローラルな香りに１％濃度に希釈したミントを１滴だけ加えることで、香りの奥底に仄かにミントの持つ特性である涼やかなニュアンスを付加することができるように、希釈した香りは原液に比べて、予めフレグランス濃度の香りを吟味し、微妙な表情をつくり出すのに適しています。
　この方法で香りの足し算に微妙な調整を加えることにより、バランスを取ることができます。
　実際に、この方法で「シプレ」「フゼア」「オリエンタル」など香水の処方を参考にしつつ調香した場合、それぞれの素材が活きた天然香料ならではのナチュラルなバランスの香りが完成します。

フラワーアートと花束

合成香料を使った調香が芸術性の高いフラワーアートだとすれば、天然香料の調香は生花の花束ともいえるでしょう。

フラワーアートは専門的で高度な技術を必要としますが、花束はそこに素材があれば、誰にでも心のままにつくることができます。

もちろん、個性やテーマに沿った調香の知識や技術があればなおよいですが、そのような素朴さや天然のエッセンスに包まれる心地よさが天然香料の調香の楽しさとも言えます。

7　香水の種類

賦香率による香水の種類

香水は香料を無水エタノール（エタノール99.5％以上）に溶解したものです。

その中に含まれる香料の割合を賦香率（ふこうりつ）といいます。賦香率が高いと香りの持続時間が長く、低いと短くなるのが特徴です。

賦香率によって下記のような種類に分けられます（図表７）。

【図表７　香りの名称と濃度】

名称	濃度	持続時間	用途
パルファン（香水）	15～30%	5～7 時間	最も豪華で深みがあり、持続時間が長いのが特徴。フォーマルな席に相応しい格調高いタイプ。

オード　パルファン	10～15%	5 時間前後	パルファンとオードトワレの中間。持続力はありながらオードトワレに近い気軽さで、近年人気が高いタイプ。
オードトワレ	5～10%	3～4 時間	カジュアルな感覚で、朝からでも気兼ねなく使える最もポピュラーなタイプ。
オーデコロン	3～5%	1～2 時間	オードトワレよりも更にカジュアルなタイプ。 ファッション性を追求するよりは、スポーツタイムや湯上り、お休み前などに全身へたっぷり使えるライトな香りで、リフレッシュ効果も得られる。

パルファン

最も賦香率の高い香水の種類で、世界の名香と呼ばれるフレグランスの多くは、もともとはパルファンタイプでしかつくられていないと言われます。

ラストノートにあたる揮発成分の少ない香料がたっぷりと使われており、肌に残る時間が長く、ソフトな香りが長持ちし、洗練された香りです。

オードパルファン

パルファンのように香りに深みと持続性がありますが、賦香率が低いので、パルファンよりも価格が手ごろなものが多いです。

オードパルファンの「オード（EAU DE）」はフランス語で「～の水」という意味です。つまり、一番濃度の高いパルファンが水（アルコール）で薄まっているというイメージです。とはいえ、パルファンの名がつくからには高級感、ゴージャス感も必要です。

オードトワレ

香りの濃度が低めで、さりげなく香ることから日本では人気の高い種タイプです。香りの持続時間もほどよく、しつこさやクドさがないことから普段使いに適しています。

オードトワレの「オード（EAU DE)」もまた「〜の水」という意味ですが､「トワレ (Toilette)」とはフランス語で「化粧､身づくろい」という意味。そのため、オードトワレとは直訳すると「化粧水」となります。もちろん、顔などにつける化粧水ではなく、化粧室でお洒落の仕上げに振りかける香り、といったイメージです。

オーデコロン

柑橘やハーブ系の香りが軽く爽やかに香るタイプで、リフレッシュしたいときやシャワーの後などにつける香りづけ、という感覚で使用できます。

オーデコロンの「コロン Cologne)」とはドイツの都市「ケルン」を指します。つまりオーデコロンとは「ケルンの水」という意味です。「ケルンの水」＝「オーデコロン」はケルンに移住していたイタリア人調香師が 1709 年に発売したもので、ケルンは、オーデコロン発祥の地として有名です。

アロマフレグランスの希釈濃度

また基本的なアロマフレグランスの希釈濃度は５％〜 10％のオードトワレ濃度となります。

用途に応じて、香りを仄かに香らせたいときは爽やかな３％〜５％のオーデコロン濃度にしたり、空間の香りとして香りを持続させたいときには 30％濃度にしたり、フレキシブルに濃度を変えることができます。

第２章
香りの系統分類と特性

1　香りの分類とは

香りの特徴をノート（香調）として分類する

　香水に使われる成分には、よく似た香気成分を持つものがあります。例えば、レモン、グレープフルーツ、オレンジは同じ柑橘（シトラス）系に属します。この同じ特性を持つ香り同士はブレンドすると、とても調和的な香り（シトラス調）になります。

　このように、香水に用いる香料の特徴をノート（香調）として分類します。

　ここでは、古くから香水に使われてきた主な天然香料を香調別にご紹介します。

2　シトラス調

フレッシュでみずみずしい柑橘系の香り

　ベルガモット、マンダリン、シトロン、クレメンタイン、グレープフルーツ、レモン。

　特にベルガモットの香りにはボリュームとまろやかさがあり、フローラルなどのミドルノートと調和しやすいため、名香と言われる多くの香水に使われています。

3　アロマティック調

清々しい香草の香り

　ラベンダー、クラリセージ、ローズマリー、アニス、バジル、ローリエ、フェンネル、ディル、ペパーミント、スペアミント。

アロマテラピーで代表的なラベンダーは、癒し的な印象とは異なり、香料としては意外と強く主張するため、少量を加えると爽やかな清涼感をもたらし、男性用の香水にもよく使われます。

4　グリーン調

葉をちぎったり茎を折ったりしたときの青い匂いを彷彿とさせる香り

ガルバナム、バイオレットリーフ。

フローラルグリーン調の香水 Vent Vert(P.Balmain) などに用いられるガルバナムは、花の香料に少量をブレンドすると、摘みたての花のようなフレッシュさを添加し、自然に包まれたような安心感をもたらします。

5　フルーティー調

シトラス系以外のフルーツの香り

オスマンサス（金木犀）、ブラックカラント（カシス）の芽。

オスマンサス（金木犀）の香りは小さな花の香りでありながら、アプリコットやトロピカル系のフルーツを思わせます。

6　フローラル調

甘くうっとりとする花の香り

ローズ・ド・メ（センティフォリア）、ダマスクローズ、ローズゼラニウム、ジャスミン、チュベローズ、オレンジフラワー、イランイラン、ライラック、ガーデニア、マグノリアなど。

香りから受ける印象により、大きく次の３つに分けられます。

甘く官能的な香り：ジャスミン、チュベローズ、イランイラン、ガーデニア、マグノリア

パウダリーな優しい香り：アルバローズ、アイリス、ミモザ

やや清涼感がある優雅な香り：ローズ・ド・メ、ダマスクローズ、ローズゼラニウム

フローラル調はもっとも種類が多い香調であり、ローズやジャスミンなど単一の花をテーマとしたり、複数の花のブーケの香りを楽しみます。特にローズ、ジャスミン、イランイランの組み合わせは定番と言えます。

7　スパイシー調

ピリッと刺激的な持続性のある香り

コリアンダー、カルダモン、ジンジャー、ブラックペッパー、シナモン、ナツメグ、クローブ。

フレッシュ系スパイスのコリアンダー、カルダモン、ジンジャーは拡散性が高いため、トップやミドルとよく調和して清涼感をもたらします。

また、ホット系スパイスのブラックペッパー、シナモン、ナツメグ、クローブはラストノートとよく調和して甘さと持続性をもたらします。

8　モッシー調

土臭く温かな香り

オークモス、パチュリー。

オークモスは、近年の国際香粧品香料協会（IFRA）による使用の規制がありますが、多くの名香に用いられた香りで、香水に繊細で気品のあるニュアンスをもたらします。

9　ウッディー調

温かみと持続性のある香り

シダーウッド、サンダルウッド、ローズウッド、ベチバー。

唯一、木ではなく草の根から香りを抽出するベチバーは、土の温かくほっこりとした甘みのある香りで香水の高級感と持続性を高めます。

10　バルサミック調

甘く重厚でボリューム感のある香り

ベンゾイン、ペルーバルサム、シストローズ（ラブダナム）、フランキンセンス、オポポナックス、ミルラ、スチラックス。

ベンゾイン、ペルーバルサム、シストローズ（ラブダナム）にバニラ、トンカビーンズを加えた甘く柔らかな香り、古来から神殿などで使われてきた樹脂の香りであるフランキンセンス、オポポナックス、ミルラ、スチラックスを調合する神秘的な香り、そして華やかで甘くパウダリーなバルサム調の香りを表現するオリス（イリス）。

トンカビーンズは合成香料でもつくられるクマリンを含む天然香料で、杏仁や桜の葉のような香りを現代のグルマン系（アーモンドやお菓子のような香り）の表現に用います。

オリスはパウダリーな芳醇さをもたらす香りで、最近のブランド香水のトレンドとしても用いられます。

11　アニマリック調

柔らかで官能的な香り

アンブレットシード、シストローズ

動物性ではムスク、シベット、カストリウム、アンバーグリスですが、動物性香料は倫理上の問題から現在天然香料が使われることはほとんどありません。

植物性では、ムスク様の香りを持つアンブレット・シードやシストローズが使われます。

アンブレット・シードはアオイ科の植物の種子から抽出するオイルで、とてもまろやかでややバルサミックな官能性が感じられるアンバーグリスに似た香りです。

12　香りのピラミッド

３つのノート

香水は肌に付けたとき、揮発度の高いものから低いものへと順に香り立って変化していく特性があり、時間の経過とともに３段階の表情を見せます。

最初はアルコールの揮発の直後に香るトップノート、これはフレグランスの第一印象を決める香りです。

中間に香るのがミドルノート、フレグランスのハートともいえる重要な香りでハートノートとも言われます。

最後に香るのがラストノート、ゆっくりと香り立ち残り香となる香りで、このノートで全体のバランスを絶妙に保ちます。

この３つのノートを図表化したものが「香りのピラミッド」です。

【図表８　香りのピラミッド】

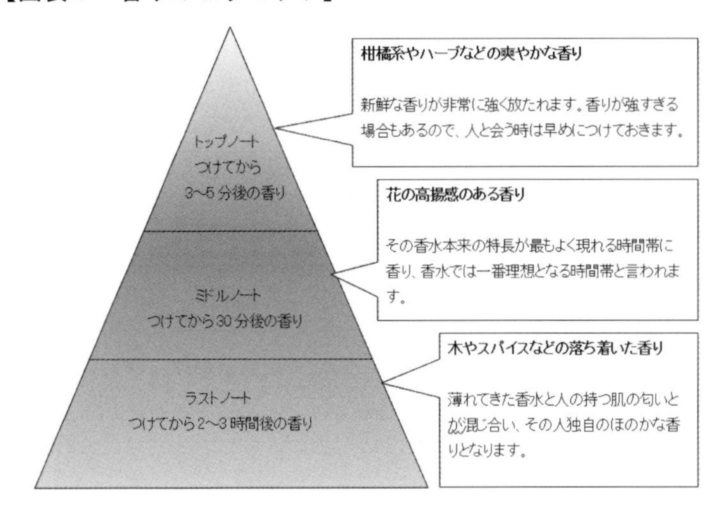

香料ごとの香りの持続性

図表８のように、すべての香料はトップノート、ミドルノート、ラストノートのいずれかに分類されます。たとえば揮発性が高く、比較的早い段階で印象が消えてしまうレモンはトップノート、中間の時間帯でその個性を発揮するローズはミドルノート、時間が経つほどに強く香るサンダルウッドはラストノートに分類されます。

これは、個々の香料が持つ数百種類の香気成分の揮発度がどのノートに集中するかということになります。

例えば、同じトップノートに分類されるレモンとベルガモットの場合、揮発性の高い香気成分を多く持つレモンに対して、ベルガモットの香気成分の中にはミドルノートの揮発度に属するものもあるため、「レモンのほうがベルガモットよりも揮発性があり、持続性がない」ということになります。

フレグランスの見せどころとなる時間帯は30分後

トップノート、ミドルノート、ラストノートにはそれぞれ前記のように一番よい状態で香る時間帯がありますが、香りがブレンドされることにより、香り成分の相互作用でトップノートがミドルノートを早めに引き上げて香らせ、ミドルノートはトップノートを持続させる、同様にミドルノートはラストノートを早めに引き上げて香らせ、ラストノートはミドルノートを持続させるという香りのグラデーションが生じます。

そのため、ミドルノートが香る30分後の香りはミドルノートとの相互作用によって持続しているトップノート、およびミドルノートによって香りが早めに引き上げられたラストノートがほどよく調和した状態となり、フレグランスの見せ所となる時間帯と言われています。

第３章
テーマに応じた香りのセレクト

1　はつらつと爽やかな印象に

セレクトする香り

揮発性の高いトップノートを主体に使うことで、快活さや爽やかさを表現します。

シトラス系やハーブ系を主体とした構成を考えると、オーデコロン調なイメージですが、持続性も考慮して爽やかな印象を持続させるミドルノート、ラストノートを選びます。

※容量（オードトワレ濃度）については、後述「香料の希釈について」を参照してください。

【図表９　快活さや爽やかさを表現するレシピの例】

T/M/L	香料名	容量(オードトワレ濃度)
TOP	ベルガモット	3.0ml
	グレープフルーツ	1.0ml
	レモン	2.0ml
	ローズマリー	0.5ml
	バジル	0.2ml
MIDDLE	ラベンダー	1.3ml
	ローズウッド	1.0ml
LAST	ブラックペッパー	1.0ml
	計	10.0ml

2　優しくエレガントに

セレクトする香り

優しく洗練された上品な印象を表現するには、少しのトップノートに続くミドルノート（特にフローラル系の香り）を主体とします。

ラストノートは個性の強いものでなく、フローラルの香りを柔らかく膨らませ持続させるものを選びます。

【図表10　優しさやエレガントを表現するレシピの例】

T/M/L	香料名	容量(オードトワレ濃度)
TOP	マンダリン	2.0ml
MIDDLE	ホワイトティー	1.0ml
	ネロリ	2.0ml
	ジャスミン	2.5ml
	ナルシス	0.5ml
LAST	イリス	0.8ml
	アンブレットシード	1.2ml
	計	10.0ml

3　落ち着きと自信のある印象に

セレクトする香り

ビジネスシーンなどで信頼感、安心感を得るための香りは、少し揮発性を抑えたトップノートに、甘くなり過ぎないミドルノート、ラストノートを主体にウッディー系の存在感のあるものを選びます。

【図表 11　落ち着きと自信のある印象を表現するレシピの例】

T/M/L	香料名	容量(オードトワレ濃度)
TOP	ベルガモット	2.0ml
	プチグレン	0.5ml
MIDDLE	ゼラニウム	2.0ml
	ラベンダー	3.0ml
LAST	シダーウッド	1.0ml
	サンダルウッド	1.2ml
	ベチバー	0.3ml
	計	10.0ml

4　飾らずナチュラルな印象に

セレクトする香り

さりげない自然体の印象を表現したいときは、強い香り、個性の強い香りは避けてトップノート、ミドルノート、ラストノートをバランスよく選びます。甘さや華やかさのあるミドルノートは抑え気味にします。

特にラストノートはナチュラル感のあるものを選んでください。

【図表 12　落ち着きと自信のある印象を表現するレシピの例】

T/M/L	香料名	容量(オードトワレ濃度)
TOP	シトロン	3.0ml
	オレンジ	1.0ml
MIDDLE	グリーンティー	1.5ml
	カモミール・ローマン	1.0ml
LAST	オークモス	2.5ml
	パチュリ	1.5ml
	計	10.0ml

5　気持ちをリフレッシュしたいときに

セレクトする香り

気持ちのスイッチを切り替えリフレッシュしたいときに使う香りは、持続性はさほど必要なく、第一印象となるトップノートを主体とします。

トップノートの中でも揮発性の高い香りを選び、クールダウンのミドルノート、ラストノートに繋げます。

【図表 13　落ち着きと自信のある印象を表現するレシピの例】

T/M/L	香料名	容量(オードトワレ濃度)
TOP	ライム	3.0ml
	ペパーミント	0.2ml
	ベイ	2.5ml
	レモンヴァーベナ	0.3ml
MIDDLE	キンモクセイ	2.5ml
LAST	フランキンセンス	1.5ml
	計	10.0ml

6　ホッと癒されたいときに

セレクトする香り

ストレスケアのための香りは、植物の香りを奏でるアロマフレグランスの真骨頂です。

香りを嗅いだ途端にホッと癒されてリラックスできる香りは、クライアントの好む香りの系統を主体とするとよいでしょう。

図表 14 はウッディー系の香りを好むクライアント用のレシピです。

【図表 14　ホッと癒されたいときのレシピの例】

T/M/L	香料名	容量(オードトワレ濃度)
TOP	グレープフルーツ	2.0ml
	ユズ	1.0ml
MIDDLE	ミモザ	2.0ml
	リンデンブロッサム	1.0ml
LAST	サイプレス	1.0ml
	ローズウッド	2.0ml
	サンダルウッド	1.0ml
	計	10.0ml

7　仕事の効率を上げて頑張りたいときに

セレクトする香り

集中力を高める香りについては、大学などの実験データより、柑橘系やハーブ系の香りが有効であるとの発表がされています。

このことから、トップノートを主体とし、すっきりと清涼感のあるミドルノート、ラストノートへと繋げます。

【図表 15　仕事の効率を上げて頑張りたいときのレシピの例】

T/M/L	香料名	容量(オードトワレ濃度)
TOP	レモン	3.0ml
	タンジェリン	1.2ml
	ローズマリー	2.0ml
	タイム	0.5ml
MIDDLE	バジル	0.3ml
	パルマローザ	2.0ml
LAST	ブラックペッパー	1.0ml
	計	10.0ml

8　幸せな気分でいたいときに

セレクトする香り

幸せな気分のときは、心がウキウキと高揚します。高揚感のあるフローラル系のミドルノートを主体として、温かみのあるトップノート、甘さに包まれるようなラストノートを重ねます。

【図表16　幸せな気分でいたいときのレシピの例】

T/M/L	香料名	容量(オードトワレ濃度)
TOP	オレンジ	1.0ml
	マンダリン	2.0ml
MIDDLE	ダマスクローズ	3.0ml
	ジャスミン	0.7ml
	イランイラン	0.3ml
LAST	トンカビーンズ	1.0ml
	バニラ	2.0ml
	計	10.0ml

9　「イメージや目的」からの香りのセレクト

上記1～8のように、クライアントのつくってほしい香りのイメージや、使いたいシーンがある場合、それをいかに引き出すかがポイントとなります。クライアントの漠然とした希望を明確にしていくためには、アンケートシート、またはカウンセリングシートを準備してクライアントに回答してもらいます。

「自分を演出する香りのイメージ」、「使いたいシーン」、「できあがりの香りのイメージ・香調」がわかると、トップノート、ミドルノート、ラストノートのどれを効かせたらよいかの参考となります。なおラストノートを効かせる場合は、香りの印象が重くなり過ぎないよう注意してトップノート、ミドルノートとのバランスを取ります。
☆……トップノートをメインに調合
◎……ミドルノートをメインに調合
◇……ラストノートをメインに調合

自分を演出する香りのイメージは？

☆はつらつと爽やかに
◎優しくエレガントに
◇落ち着きと自信を
☆◇飾らずナチュラルに
□その他（　　　　　　　　　　　　　　　　　　）

使いたいシーンは？

☆気持ちをリフレッシュしたいときに
☆◎◇ホッと癒されたいときに
☆仕事の効率を上げて頑張りたいときに
◎幸せな気分でいたいときに
☆◇眠れない夜のために

できあがりの香りのイメージは？

☆さわやか	☆フレッシュ	☆すがすがしい	☆透明感のある
◎☆甘い	◎キュート	◎☆ジューシー	◎ラブリー
◎エレガント	◎フェミニン	◎洗練された	◎◇品のよい
◎◇ミステリアス	◎◇個性的	◎◇官能的	◎◇刺激的
☆◇ナチュラル	☆◇さりげない	◎◇リラックス	◇癒し系

第４章
調香作業の手順

1　調香にあたっての心構え

ゆったりと落ち着ける環境をつくる

調香には、五感を研ぎ澄まして香りと向き合う姿勢が大切です。できるだけ静かな自分がリラックスできる環境でゆったりと腰掛け、換気のできる部屋で、調香瓶や道具などを余裕で置けるスペースをとりましょう。

気分よく落ち着ける音楽をかけるのも効果的です。

午前中の早い時間がおすすめ

人は息を吸うときに空気と一緒に匂いの分子も吸い込みます。この匂いの分子が嗅覚を刺激し、脳に信号が送られて人は匂いを感じます。

私たちは普通に生活しているだけで、意識しているいないにかかわらず、様々なとてもたくさんの匂い成分を吸い込んでいます。

嗅覚は数えきれないほどの複雑な香りを受容しそれに順応するうちに疲労します。このことから、まだたくさんの匂い成分を吸い込んでいない午前中の早い時間帯をおすすめします。

もしもその時間帯が難しい場合は、必ず朝の時間帯に調香した香りを改めて確認します。

2　調香する際のポイント

テーマを明確にする

できあがりの香りのイメージを持つためには、テーマを明確にします。

場合によってはイメージからテーマができあがることがあるかもしれませんが、香料のセレクトに繋がるよう、自分の感性や経験、参考資料があれば、そこからくるヒントを最大限に引き出しましょう。

主役となる香料を決める

香料同士がバランスよく調和するには、主役となる香料があり、それを引き立てる２～３の脇役の香料がある状態であるということです。

逆に言えば、調香したフレグランスが何かしっくりこないと感じる場合は、主役になる香料を決めてその割合を多くするとすっきりと香りが纏まるケースが多いです。

拡散性と持続性を考えて香料をセレクトする

フレグランスを評価するうえで、香りの立ち上がりと拡散性、またゆっくりと香りを楽しめる持続性は重要なポイントです。

特別なテーマを除いては、トップノート、ミドルノート、ラストノートのすべての要素を組み合わせて香りの全体のバランスを考えましょう。

トップからミドルノート、ミドルからラストノートへの移り変わりが滑らかであればあるほどバランスのとれた香りと言えます。

効果効能より香りの魅力を生かす

アロマテラピーでは、エッセンシャルオイルの効能など薬理的な情報が役立つことから、その情報がレシピをつくるうえでの判断の決め手となるかもしれませんが、フレグランスを調香するうえでは、「香りの美しさ」が優先されます。

例えば、ティートリーやユーカリなどは有効な成分を多く持ちますが、身に纏うフレグランスとしてというよりは、ルームスプレーなど空間の香りに向いています。

香りの魅力を生かした調香では、効果や効能にばかり気をとられず、美しい香りづくりを楽しみましょう。

繰り返し調香の練習をする

調香のスキルを上達させて、「自分の感性を使って、香りを創造する」ためには、まず素材となる香料を理解して感じ、記憶したうえで、その香料を使い何度も練習することが大切です。

回数を重ねることで、１つひとつの香料の個性を知ることができ、全体に対してどの程度の比率でどのような表情・パフォーマンスが現れるのかを感覚的に掴めるようになります。

なるべくたくさんの香料と向き合う

人それぞれに嗜好があるため、自分が好きな香料は調香に使いやすく、苦手なものは使わないなど、いつも好きな香料を使うため、できあがりが同じような香りになってしまう、といったケースもあるかと思います。

苦手と思っていた香料も、他の香料と合わせることで思いもよらない好ましい香りになることも度々あります。できるだけたくさんの香料の個性と向き合い、冒険心をもって練習してみましょう。

はじめはシンプルなレシピから

1種類のエッセンシャルオイルは、100種類以上の香り成分から構成されています。ローズやジャスミンの香り成分の中には、まだ化学的に解明されていない成分もあるほど、とても複雑で神秘的です。たった1種類でも複雑であるがゆえ豊かな印象が天然香料の素晴らしさですが、そのぶん、調香する際には、はじめは4～5種類のシンプルなレシピから始めましょう。

3　基本的な調香の手順

香りのレシピを考える

まず、どんな香料を使ってどんなイメージの香りをつくるのかを決めるとことから始まります。次のポイントが必要となります。

①1つひとつの香料の香りを覚える

調香にあたっては、まず1つひとつの香料の特徴を知らなければなりません。香りの特徴の捉え方は個人の経験や嗜好により様々なので、自分なりの感じ方で記憶にインプットしておきます。

②香料の組み合わせを考える

組み合わせたい香料2～3種類をそれぞれムエットにつけて、束にし、鼻の前で軽く振って香りを嗅いでみます。ブレンドした後の香りのイメージがわかります。

分量を多くしたいものは鼻の近くに、少なくしたいものは鼻の遠くになるようにムエットを持つと、よりイメージがつかみやすいです。

③組み合わせる香料のバランスを考える。

まずは、メインとして組み合わせたい香料2点をバランスを変えて調合してみます。例えば、ラベンダー7：イランイラン3、ラベンダー5：イランイラン5、ラベンダー3：イランイラン7　のように割合を変えてバランスを確認します。

一般的に、同じような強さの香料は、同量よりも３対７、４対６の割合となるほうがバランスのとれた調和する香りとなります。

準備するもの

①筆記用具
②ブレンドレシピ表
③香料瓶（すでにオードトワレ濃度に希釈したもの）
※後述の「３　香料の希釈について」の章を参照してください。
④ビーカー
⑤スポイト（ガラス製かポリエチレン製のもの）
⑥ムエット（試香紙）
⑦調香したアロマフレグラスを入れる香水ボトル

調香の流れ

①ブレンドレシピシートにトップノート、ミドルノート、ラストノート順に香料名を記入します。
②作成する全体量を３ステップに分けます。例えば５mlの場合、ステップ１はすべての香料を合計して２ml、ステップ２で＋２ml、ステップ３で＋１mlと、ステップごとに香りを確認して調整していきます。

（ステップ１）

最初はすべての香料が融合した場合の香り印象をとるため、すべての香料をほぼ同量でもよいですが、香りの強いもの、ラストノートの香りは少なめにします。

各香料瓶からステップ１で決めた容量をスポイトでビーカーに入

れ、すべて入れ終わったらムエット（試香紙）で香りを確認します。

なお、スポイトは香料同士の香りが混ざらないよう、各香料ごとに1本用意することをおすすめします

【図表17　調香の手順Step 1】

T/M/L	香料名	step1	step2	step3	計
TOP	マンダリン	0.5ml			
MIDDLE	ラベンダー	0.5ml			
	ホワイトティー	0.4ml			
	ローズウッド	0.4ml			
LAST	ベチバー	0.2ml			
	合計	2.0ml	2.0ml	1.0ml	5.0ml

（ステップ2）

ステップ1の香りを嗅いで、強く出過ぎている香りはないか、弱すぎる香りはないか確認します。ラストノートは最後に香ってくるのでゆっくりと時間をかけます。

強く出過ぎている香りはステップ2では入れないか少量に留めます。またこのとき、主役となる香料を1つ決め、調合する量を一番多くすることでバランスをとります。

【図表18　調香の手順Step 2】

T/M/L	香料名	step1	step2	step3	計
TOP	マンダリン	0.5ml	0.3ml		
MIDDLE	ラベンダー	0.5ml	0.4ml		
	ホワイトティー	0.4ml	0.8ml		
	ローズウッド	0.4ml	0.3ml		
LAST	ベチバー	0.2ml	0.2ml		
	合計	2.0ml	2.0ml	1.0ml	5.0ml

（ステップ３）

全体のバランスを考えて、最終調整します。２段階目の香りでよいときは、１，２の合計の割合に従って香料を調合します。

【図表 19　調香の手順 Step ３】

T/M/L	香料名	step1	step2	step3	計
TOP	マンダリン	０．５ml	０．３ml	０．３ml	１．１ml
MIDDLE	ラベンダー	０．５ml	０．４ml	０．３ml	１．２ml
	ホワイトティー	０．４ml	０．８ml	０．２ml	１．４ml
	ローズウッド	０．４ml	０．３ml	０．２ml	０．９ml
LAST	ベチバー	０．２ml	０．２ml	—	０．４ml
	合計	２．０ml	２．０ml	１．０ml	５．０ml

ムエット（試香紙）の使い方

ムエットは、調香において必要な代表的なアイテムです。使い方は、先端５ミリ程度に香料をつけて、自分の鼻につけないように鼻の下にもっていきながら匂いを嗅ぎます。

長く嗅ぎすぎると嗅覚障害を起こすため、嗅ぐ時間は５秒以内に留めます。

時間の経過による香りの変化を確認する場合は、香料名と時間を記入し、時間毎の香りの特徴をノートに記録して、最初に嗅いだときとの変化を感じ取ります。

ムエットは使い捨てです。１つの香りにつき、１枚使用します。

４　香料の希釈について

香料素材（エッセンシャルオイル）は上質なものを

香料を用いるうえで一番重要なことが、純粋な混じりけのないエッセンシャルオイル（アブソリュートを含む）を香料素材として選ぶことです。エッセンシャルオイルは一般にはアロマオイルとも言われ、低価格で市販されているもののなかには合成香料が使われたり、植物油によって希釈されたものもあります。

選ぶ場合には、パッケージやラベルに次の表示があることを確認しましょう。

- 「エッセンシャルオイル」、「精油」、「Pure Essential Oil」のいずれか
- 植物の学名（世界共通の名称がイタリック体で書かれています）
  例）Lavandula Angustifolia
- 抽出部位（植物のどの部位から抽出したのか）
  例）葉、花、樹脂　など
- 原産国
- ロット番号

原料素材（エッセンシャルオイル）を希釈して香料をつくる

各天然香料の香りの強弱をなるべく均一にして調香する方法が香料をあらかじめ希釈することです。希釈することで、素材の持つ特性のバランスを取りやすくします。

希釈した香りは原液に比べて、予めフレグランス濃度の香りを吟味し、微妙な表情をつくり出すのに適しています。

具体的には、無水エタノールでオードトワレ濃度（5％～10％）程度に希釈することにより、少ない原料で沢山の組み合わせを試すことができますし、またフレグランスになった場合のイメージやニュアンスをより感じ取ることができます。

各香料の希釈率は図表20を参照してください。

【図表 20　香料希釈率一覧】

シトラス系	希釈率	ハーブ系	希釈率	フローラル系	希釈率
オレンジ	10%	オレガノ	3%	アイリス	3%
グレープフルーツ	10%	ガルバナム	1%	アルバローズ	3%
シトロン	10%	クラリセージ	5%	イエライシャン	3%
タンジェリン	10%	グリーンティー	3%	イランイラン	5%
プチグレン	10%	スペアミント	5%	カーネーション	3%
ベルガモット	10%	タイム	5%	カモミール・ローマン	5%
マンダリン	10%	バジル	5%	キンモクセイ	3%
ユズ	10%	パチュリ	5%	ジャスミン	3%
ライム	10%	パルマローザ	10%	ゼラニウム	10%
レモン	10%	ヘリクリサム	10%	ダマスクローズ	3%
		ベイ	10%	チャンパカ	3%
		ペパーミント	5%	チュベローズ	3%
		ホワイトティー	5%	ティーローズ	3%
		マジョラム	10%	ナルシス	3%
		ユーカリ	10%	ネロリ	5%
		レモンヴァーベナ	5%	バイオレットリーフ	3%
		ローズマリー	10%	ピンクロータス	3%
				プルメリア	3%
				ホワイトジンジャー	3%
				マグノリア	5%
				ミモザ	5%
				ラベンダー	10%
				リンデンブロッサム	5%
				ローズオットー	3%

10％濃度……無水エタノール 9ml に対して精油 20 滴
５％濃度……無水エタノール 9.5ml に対して精油 10 滴
３％濃度……無水エタノール 9.7ml に対して精油６滴
１％濃度……無水エタノール 9.9ml に対して精油２滴

スパイス系	希釈率	ウッディー系	希釈率	バルサム系	希釈率
アニス	5%	ウード	3%	シストローズ	3%
オールスパイス	3%	オークモス	1%	スチラックス	3%
カルダモン	3%	カラマス	1%	ペルーバルサム	5%
クローブ	3%	サイプレス	10%	フランキンセンス	5%
コリアンダー	3%	サンダルウッド	5%	ベンゾイン	5%
シナモン	3%	シダーウッド	10%		
ピンクペッパー	3%	ジュニパー	10%		
ブラックペッパー	3%	パイン	10%		
		モミ	5%		
		ローズウッド	10%		
			10%		
オリエンタル系	**希釈率**				
アンブレットシード	3%				
イリス	3%				
トンカビーンズ	5%				
ハニーサックル	3%				
バニラ	5%				
ベチバー	5%				

※精油の産出国や抽出方法、ブランドによって個体差がありますので、目安として参考にしてください。

※精油1滴0.05mlで計算していますが、メーカーによっては1滴の容量が異なる場合がありますので注意してください。

精油の種類によっては、無水エタノールで希釈する際に、化学反応により白濁するものがあります。その場合はしばらく置いておくと白い物質が沈殿するので、上澄みの部分を使用します。

5　香料取扱い上の注意点

香料の保管について

エッセンシャルオイル及び香料（希釈したもの）を保管するときは、次の点について留意します。

・紫外線を避ける。
・高温多湿を避ける。
・火気に注意する。
・冷暗所で保管する。
・子どもやペットの手の届かない場所に保管する。
・しっかりと蓋を閉める。

コンタミネーション（香料同士の香りの混合）について

１つの香料を使った器具をそのまま他の香料を使用したり、違う香料の蓋を取り違えて他の香料に使用したりすると、香料同士の香りの混合が起こり、香りの個性が台無しになってしまいます。

特に香料瓶に使うスポイトは１本ずつ専用のものを使うか、アルコールで洗浄して香りが消えたものを使うことをおすすめします。

香料の劣化について

香料は酸化して劣化していき、劣化した香料は独特の酸化臭がします。半年以上放置した柑橘系の香料などの酸化臭は代表的な例です。

サンダルウッドやフランキンセンスなど多くのラストノートには時間の経過とともに熟成して逆に香りに深みがでるものもありますが、特に柑橘系に関しては、しばらく使っていなかった香料を使用する場合は、香りが酸化していないかを確認しましょう。

第５章
香りの組み立て方

1　基本的な調香メソッド

香料の匂い、特徴を記憶する

香りの印象は、その人の嗜好や経験によって様々に違うものです。

香りの特徴を記憶するためには、本などに書かれている一般的な特徴ではなく、自分なりの感じ方で印象を憶えておくことが大切です。

記憶をする効果的な方法の１つは、香料を細かく分類することです。

例えば、同じ柑橘系のグループのなかでも、さらに自分なりの印象で細分化するなどして、香料の特徴を憶えます。

柑橘系の香料を例に挙げると、次のような分類になります。

・クールでシャープな印象：レモン、ライム、シトロン
・明るく温かみのある印象：オレンジ、マンダリン、タンジェリン
・渋みと温かみのある印象：ベルガモット、プチグレン

「アコード」を学ぶ

アコードとは、２種類以上の香料がバランスよく調和している状況を言います。

最初は２種類以上の香料の配合比率を何パターンか試し、一番まとまりがよいと思われる比率を見つけます。

（１）香料をトップノート、ミドルノート、ラストノートをそれぞれ２種類用意して、アコードをとってみましょう。
（２）上記（１）でアコードをとった３つのノートをブレンドしてみましょう。

アコード表 ① トップノート

香料名	比率①	印象	比率②	印象	比率③	印象	比率④	印象
レモン	2		3		4			
マンダリン	4		3		2			

アコード表 ② ミドルノート

香料名	比率①	印象	比率②	印象	比率③	印象	比率④	印象
ラベンダー	2		3		4			
ゼラニウム	4		3		2			

アコード表 ③ ラストノート

香料名	比率①	印象	比率②	印象	比率③	印象	比率④	印象
バニラ	2		3		4			
サンダルウッド	4		3		2			

2　香りの「ブリッジ」とは

トップノートに分類されるもの、ミドルノートに分類されるもの、ラストノートに分類されるものについて、それぞれの組み合わせにおいて留意することがあります。

【図表 21　3つのノート】

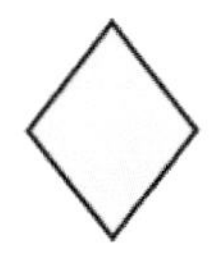

トップノート

ミドルノート

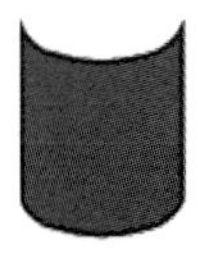

ラストノート

香りが時間の経過とともに、トップ⇒ミドル⇒ラストと変化していく過程で、その移り変わりは滑らかであるほど、バランスのとれた綺麗な香りといえます。

【図表 22　３つのノートのバランス】

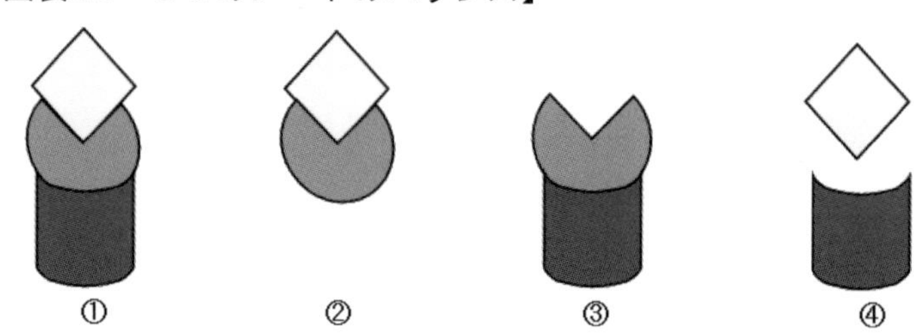

図表 22 のように、①〜③は香りが自然につながっていきますが、④では、トップノートとラストノートが上手く繋がりません。

例えば、レモンとサンダルウッドの組み合わせでは、レモンの香りが消える時点でまだサンダルウッドの香りが十分に立ってこないため、香りが別々に存在する形となります。

この場合は、トップノートとラストノートの橋渡し「ブリッジ」となるミドルノートにあたる香りを多少でも加えることで、トップノートとミドルノート、ラストノートが繋がりバランスをとることができます。

3　テーマに対応する香りの組み立て

クライアントの年齢・性別・嗜好からバランスを考える

テーマに応じてトップノート、ミドルノート、またはラストノートを主体としますが、クライアントの年齢、性別、嗜好によって他のノートとのバランスを考えます。

トップノートを主体としたブレンドが効果的なテーマ

＊爽やかな心地よさ　＊デオドラント効果　＊仕事のリフレッシュメント
＊気持ちを前向きに　＊はつらつとしたイメージに　＊ナチュラルな

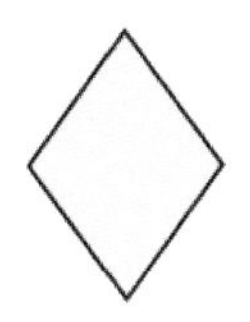
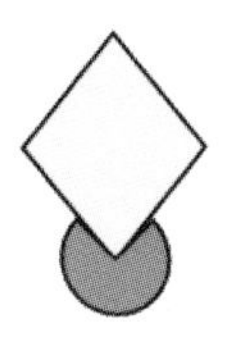
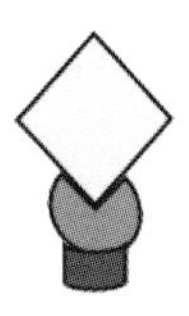

ミドルノートを主体としたブレンドが効果的なテーマ

＊優しく華やかに　＊幸福感を高める　＊エレガントな　＊フェミニンな
＊洗練された　＊異性を惹きつける　＊上品な　＊セクシーな

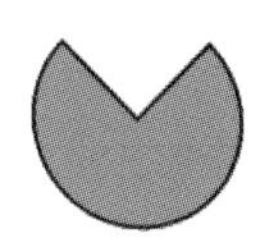
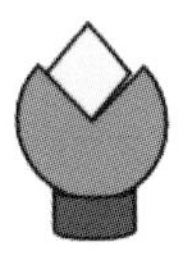

ラストノートを主体としたブレンドが効果的なテーマ

＊落ち着きと自信を　＊リラックス　＊安眠のため　＊官能的な
＊深みのある　＊癒し系　＊ミステリアス　＊刺激的

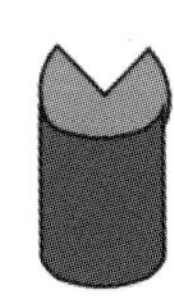

4　香りの強弱について

強い香りの香料の扱い方

香りの強い香料は、最初の段階から少なめに調合して、他の香料の香りをかき消して主張し過ぎていないかを確認します。

香りが強いため注意すべき主な香料には図表23のものがあります。

特にスパイス系やミント系の香料は注意しましょう。

なお、それでも１つの香りが強すぎる場合は、その香りを除いて、ほかのすべての香料の量を２倍にします。

この方法「ダブル」で強すぎた香りが相対的に半量になり、比較的香りが落ち着きます。

また、これらの強い香りの香料は、効果的に少量をブレンドすることにより、フレグランスのニュアンサーとなり、保留材（持続性をもたらすもの）となります。

【図表23　香りが強いため、扱いに注意すべき主な香料】

・オークモス
・ローマン・カモミール
・カルダモン
・ガルバナム
・クラリセージ
・クローブ
・コリアンダー
・シストローズ
・シナモン
・バジル
・パチュリ
・フェンネル
・プチグレン
・ブラックペッパー
・ペパーミント
・スペアミント
・ジンジャー

第６章
言葉による香りの表現

1　感覚表現

香りを言葉で表現する

香りは当然のことですが、目で見てもらうことができないので、どうやって香りを言葉で表現するか、ということで相手に伝わるイメージが大きく違ってきます。

調香をする上で、大切なポイントの１つに「香りを記憶する」ということがあります。

この記憶する手段として言葉で「表現」することもとても大切なことです。プロの調香師も、初めて香りに接したときに、浮かんでくる様々な印象を自分で知っているできるだけ多くの単語を組み合わせて表現することで、脳にインプットして香りを記憶していくと言われています。

そして、自分が記憶するための表現は、「人に香りを伝えるための表現」に結びついてきますが、このときはなるべく自分が持っている表現の言葉の中から、誰もが共通して感じる言葉を選びましょう。

それに加え、香りがより魅力的に伝わるような表現には、豊富なボキャブラリーが必要になります。例えば同じ香りでも、「甘いよい香り」と「ベルベットのように滑らかで甘い香り」では、相手に伝わる印象のスケールが大きく異なります。

このように香りに用いられる表現の１つが嗅覚の他の感覚、視覚や聴覚、触覚などの感覚表現です。

嗅覚特有の表現は少ない

香りは嗅覚によってもたらされますが、実は嗅覚に特有の表現用語は少ないと言われます。

他の感覚の視覚は色相・彩度・明度の３次元、聴覚は音色・高さ・強さの３次元、味覚は塩味・苦み・甘さ・酸っぱさ・うまみの５次元と、その感覚内容を構成する基本的次元が存在し、触覚には振動や冷たさなどの内容に対応した受容器が存在します。

それに対し、嗅覚はその内容が多岐にわたっていて構造が明確でないことが考えられます。

香りを表す際に他の感覚に特有の表現語を使うことを「共感覚的表現」と言います。

感覚表現の例

例えば、このようなワードの例があります。

視覚　⇒明るい、鮮やかな、青い、キラキラした、澄んだ

聴覚　⇒トーンの高い・低い、静かな、響きのある

触覚　⇒温かい、滑らかな、柔らかい、クールな、ドライな

味覚　⇒甘い、酸味のある、味わい深い、コクのある、辛みのある

2　感性表現

感情・嗜好・イメージを表す言葉

香りから感じる「感情」や「嗜好」や「イメージ」を表す表現を感性表現と言います。

「心地よい」や「うきうきする」は「感情」に関するもので、「好き」や「嫌い」は「嗜好」に関するものです。感情や嗜好は人の心の動きの快・不快と密接に繋がっています。

一方、「優雅な」や「女性らしい」や「穏やかな」は「イメージ」に関するもので、香りから刺激を受けて心の中にある状況や特定の

対象や何かの物語が浮かび、その内容が表現されるものです。

香りの表現においては「イメージ」に関する言葉が多く使われます。

感性表現の例

例えば、このようなワードの例があります。

感情表現　⇒癒される、うっとりする

嗜好表現　⇒好ましい、お気に入りの

イメージ表現　⇒生き生きとした、エレガントな、穏やかな、落ち着いた、お洒落な、香り高い、快活な、可憐な、気品のある、高級感のある、清潔感のある、爽やかな、刺激的な、親しみのある、シャープな、ジューシーな、弾ける、華やかな、ピュアな、清涼感のある、洗練された、ダンディーな、パワフルな、透明感のある、深みのある、馥郁とした、ふんわりとした、まろやかな、みずみずしい、魅惑的な、モダンな、優雅な、リフレッシュ（リラックス）する

3　香料用語

香料名を使った表現

香料の成分に関わる表言語で「ジャスミン様」や「ムスク様」など実際の香料の名前を使ったり、「オリエンタル」や「フローラルグリーン」のように複数の香料が合わさった香調の名前を使って表現します。

香料用語の例

アクアティックな、アロマティックな、オリエンタルな、柑橘系の、ウッディーな、スパイシーな、フローラルな、グルマン調の

4　特性用語

「もの」の名前を使った表現

特定の「もの」に対応した表現用語で、例えば「薔薇の花のような」や「草いきれのような」など、具体的な「もの」があり、感じた香りと過去の記憶を結びつけてあの「もの」に同じ、またはそれに似た香りであると表現する言語です。

特性用語の例

石鹸のような、ハチミツのような、花のような、フルーティーな、バルサミックな、ミルキーな、レザーのような

5　複合表現

複合的な要素を持つ表現

上記で述べてきたように、香りの表現は「感覚表現」、「感性表現」、「香料用語」、「特定用語」で表しますが、それらを複合的に含む表現もあります。

たとえば、「石鹸のような」は石鹸という特定の「もの」による「特定用語」ですが、お風呂での心地よい感情をイメージした「感性表現」にもなり得ます。

香りの表現は実に多様で複雑で、魅惑的で無限大です。

6　表現用語の組み合わせ

いくつかの表現用語について述べましたが、これらを組み合わせて使うことで、よりイメージを膨らませることができます。

①「クールで　透明感のある」
　感覚表現　感性表現

②「高級感のある　レザーのような」
　感性表現　特性用語

③「アロマティックな　清涼感のある」
　香料用語　感覚表現

④「甘く　香り高い　花のような」
　感覚表現　感性表現　特性用語

⑤「滑らかな　ベルベットのように　魅惑的な」
　感覚表現　特性用語　感性表現

⑥「生き生きとした　親しみのある　柑橘系の」
　感性表現　感性表現　香料用語

⑦「ハチミツのような　グルマン調の　柔らかで　ふんわりとした」
　特定用語　香料用語　感覚表現　感性表現

⑧「バルサミックで　高級感のある　オリエンタル調の　味わい深い」
　特定用語　感性表現　香料用語　感覚表現

第７章
カウンセリングの方法の例

1　基本的なカウンセリング

アンケートによるニーズの把握

オーダーメイドのアロマフレグランスを提供するにあたり、クライアントの求める香りを察知し、それに適した香りを提供するためには、クライアントの嗜好からニーズを把握する必要があります。

その基本的な方法の１つとして､次のアンケート項目を用います。

好きな花から見る香りの嗜好の傾向

数ある花の中から好ましいものを選ぶときには、自分がそのようでありたいという憧れや幸せな記憶に結びつくことが多いです。

例えば、大ぶりの華やかな花（芍薬、ダリア、バラ、カサブランカなど）を選ばれる場合は、華やかさやゴージャス感のある香りがその人らしさを表現、または憧れを表現します。

楚々とした小さな花（すみれ、かすみ草、りんどう、たんぽぽなど）を選ばれる場合は、さりげなく爽やかな香りがその人らしさを表現、または心地よさを表現します。

好きな果物から見る香りの嗜好の傾向

果物とその特有の香りは私たちの記憶に密接に結びついています。酸味のある香り、爽やかな香り、コクのある香り、甘みの強い香り。好まれる果物が持つ香りは大きなヒントとなります。

甘味のあるトロピカルな味（マンゴー、パイナップル、桃、ライチなど）を選ばれる場合は、甘い香りが心地よさを生み出し好ましいと感じられるでしょう。

また果汁の多いサッパリと爽やかな味（柑橘、リンゴ、梨など）

を選ばれる場合はフレッシュなさっぱりとした香りが好ましいと感じられるでしょう。

苦手な匂い

どんなに想像を駆使してもクライアントの苦手な匂いについては、個人的でセンシティブなところがあり、嗜好性もありますが、多くの場合経験に基づくことがあります。

ムスク系、ミント系、ハーブ系、バルサム系など人それぞれです。

苦手な香りが少しでもフレグランスに含まれれば、心地よく使っていただけませんので、アンケートで把握することが重要です。

創りたい香りのイメージ

自分用の香りを選ぶとき、友人や恋人にオリジナルの香りをプレゼントしたいときには、創りたい香りのイメージがあるはずです。

アンケートシートに選択してもらいやすいよう、図表24のようなチェックシートを入れておくのもよいでしょう。

【図表24　アンケートのチェック項目】

☆さわやか	☆フレッシュ	☆すがすがしい	☆透明感のある
◎☆甘い	◎キュート	◎☆ジューシー	◎ラブリー
◎エレガント	◎フェミニン	◎洗練された	◎◇品のよい
◎◇ミステリアス	◎◇個性的	◎◇官能的	◎◇刺激的
☆◇ナチュラル	☆◇さりげない	◎◇リラックス	◇癒し系

☆……トップノートをメインに調合

◎……ミドルノートをメインに調合

◇……ラストノートをメインに調合

主体とすると効果的なノートを参考にしてください。

2　カウンセリングの実践

３つのケースに分けられるニーズ

これまで数多くオーダーメイドフレグランスを創るためのカウンセリングを行ってきましたが、クライアントが自分のためのフレグランスを望むニーズは大きく３つのケースに分けられます。

ケースごとに調香に際して留意することは次のようになります。

クライアントに特定の好みがある場合

あらかじめ、具体的にクライアントに使いたい特定の香料やイメージした香調がある場合です。

シトラス調の爽やかな香り、ウッディー調の癒される香り、ローズ調のフローラルブーケの香りなど、特定の香りの希望がある場合は、あくまでもそのメインとなる香料を強調し、引き立て調和するニュアンサーを使用するに留めます。

具体的には､その主役となる香料の脇役を同じ系統（シトラス系、フローラル系、ウッディー系）などで引き立てつつ調和させます。

例えば、ベルガモットを主役にする場合は、同じシトラス系の要素を持つレモン、マンダリン、ネロリを脇役にしてベルガモットの香りを引き立て、ミドルノート、ラストノートへと繋げます。

ローズを主役にする場合は、同じフローラル系のジャスミン、イランイラン、ローズに似た要素を持つゼラニウムなどを脇役にミドルノートをつくり、主張し過ぎないトップノート、ラストノートでグラデーションをつくります。

サンダルウッドを主役にする場合は、同じウッディー系のシダーウッド、ローズウッド、ベチバーなどを脇役にして、ウッディー調の癒しを引き立てサポートするトップノート、ミドルノートに繋げます。

クライアントらしさ、魅力を高める香り

「香りは好きだけど、自分に合う香りがわからない」

「香りの仕事をするプロから見て、自分に相応しいと思われる香りをつくってほしい」

クライアントによっては、上記のようなリクエストもあります。

この場合は、前項「1　基本的なカウンセリング」で述べたクライアントの嗜好性を問うアンケートに加え、クライアントから受ける「第一印象」､「話し方など会話をしたときの印象」､「会話の内容」、「服装の好み」などから、クライアントの性格の傾向をみます。

一般的に、溌剌とし早口で自分のことを積極的に話す人はシトラス、フルーティー系などのトップノートを主体とした爽やかで快活な印象の香りがその人らしさに相応しいと感じられる香りです。

華やかな女性らしさ、エレガントさを身に纏っている場合は、やはりフローラル系を中心としたミドルノートを強調した香りが相応しく感じられます。

おっとりとしていて言葉少なく温厚な印象の人はウッディー、スパイス系などのゆっくりと立ち昇り持続して残り香となるラストノートをしっかりと用いた香りがその人らしさを表現します。

また、後述「3　個性（パーソナリティー）に合わせた調香」も参考にしてください。

クライアントの目的を満たす香り

クライアントに香りを使いたい目的があったり、心に抱える問題などに対応するための香りを調香するケースもあります。

天然香料ならではの心理的な作用が活躍するケースです。

例えば、次のような目的によるオーダーがあります。

□汗の気になる時季、デオドラント効果のあるものを
□夜寝る前にリラックスするため身に纏えるものを
□落ち込みがちな気持ちを明るく前向きにしてくれるものを
□集中したいときに頭を覚醒させてくれるものを

上記については、香りの持つ作用を調べてセレクトしやすいケースかと思われます。もちろん、その香りがクライアントの嗜好に合うものであるかということも大切なポイントです。

また、自分以外の対人的な香りの作用を求められる場合もあります。

□相手に自信と落ち着きを感じさせて、信頼感を得られるものを
□彼（彼女）にリラックスして好感を持ってもらえるものを

このようなケースについては、香りの持つ作用のほかに「クライアントらしさ､魅力を高める香り」からセレクトする香りや､彼（彼女）など特定の相手がいる場合はその嗜好なども参考にします。

3　個性（パーソナリティー）に合わせた調香

「アロマジェネラ（アロマ分類学）」を用いた調香方法

アロマジェネラとは、イギリスの臨床アロマセラピストヴァレリー・アン・ワーウッド氏が20年以上の歳月をかけて、エッセンシャルオイルを抽出部位などにより９種類（果実・ハーブ・葉・花・種子・樹脂・根・スパイス・木）に分類して、人のパーソナリティーを９つに分類する性格類型法に当てはめたものです（図表25)。

この分類法を基に、個性をプラスに輝かせるパーソナル・フレグランスを調香することができます。

【図表25　9つのパーソナリティータイプとそれぞれにプラス効果をもたらす香り】

タイプ		パーソナリティー	プラス効果をもたらす香り
A	フルーティー	信頼を大切にする人	『果実(フルーツ)』から採れるエッセンシャルオイル
B	ハービー	人の助けになりたい人	『薬草(ハーブ)』から採れるエッセンシャルオイル
C	リーフィー	論理的で思慮深い人	『葉(リーフ)』から採れるエッセンシャルオイル
D	フローラル	達成を求め認められたい人	『花(フラワー)』から採れるエッセンシャルオイル
E	シーディー	繊細でクリエイティブな人	『種子』(シード)から採れるエッセンシャルオイル
F	レジニー	完璧を求める人	『樹脂』(レジン)から採れるエッセンシャルオイル
G	ルーティー	穏やかさと平和を好む人	『根』(ルート)から採れるエッセンシャルオイル
H	スパイシー	楽しさを求め熱中する人	『スパイス』から採れるエッセンシャルオイル
I	ウッディー	強く我が道を行く人	『木』(ウッド)から採れるエッセンシャルオイル

図表25のようにパーソナリティーには、「それぞれと同じ特性を持つエッセンシャルオイルがあり、その香りがパーソナリティーの魅力を輝かせる」というのがアロマジェネラの提唱するところです。

天然香料の調香をしていると、同じ生物である人間と植物ゆえのそれぞれの特性として呼応しあう関係性が腑に落ちます。

例えば、フルーティータイプは友好的で仲間との信頼関係を大切にするパーソナリティーですが、太陽を浴びて育った柑橘など果実から抽出する温かな香りは、フルーティータイプの特質と同じで、明るく友好的に働きかけます。

別の例では、積極的に楽しさを求め熱中するスパイシータイプのパーソナリティーは、刺激的なスパイスの香りの特性によりエネルギッシュな行動力を高めます。

植物の香りの恩恵を人が自分らしく生きるために享受する。これは古来から綿々と続くものですが、天然香料の調香を考えるうえでとても興味深いです。

性格類型法について

性格とは、心理学でいう「おおむね持続的な、その人特有の思考、感情、行動などの傾向」とされています。

ここで用いる性格類型法は、古代ギリシャの思想を基に、数千年の時間を経て、多くの思想家や心理学者により研究・検証されて確立されたものです。

パーソナリティーの探し方

Ｑ１～５について、それぞれＡ～Ｉのうち最もあてはまるもの１つに◎、次にあてはまるもの１つに○をつけてください。

ここで、気をつけていただきたいのが、自分がどうありたいかという希望ではなく、過去から現在の自分の考え方や行動の傾向がどれに当てはまるのかを意識して回答してください。

一般的には、環境によって性格に影響が及ぼされることもありますが、環境以前にその人が生まれ持った「気質」が性格を形成します。

その気質が、成長する過程で環境や経験などを経てしだいにはっきりとした性格として確立していくと言われています。

【図表 26　パーソナリティータイプ】

	Q1	
A	人懐こく人間関係を重視する	
B	同情心が強く人に誠意を尽くす	
C	論理的に物事を考える思考型である	
D	向上心が強くて達成感を求める	
E	繊細で感性が鋭くこだわりがある	
F	目的達成のための意志が強い	
G	のんびりと穏やかで平和を好む	
H	外交的で陽気に楽しみたい	
I	人のことは気にならず我が道を行く	

	Q2	
A	義務と責任を果たし協調性を保ちたい	
B	人に必要とされたい	
C	物事を冷静に観察し本質を知りたい	
D	成功して認められたい	
E	人とは違う特別な存在でありたい	
F	いつでも公正で正しくありたい	
G	人との対立を避けて平和でありたい	
H	物事の明るい面を見て人生を楽しみたい	
I	主導権をとり常に強くありたい	

このように、人は成長し変化したとしても、気質そのものを変えることはできないとされていることから、持って生まれた気質を活かして自分らしさを楽しんで生きることが幸せに繋がります。

	Q3	
A	友達思いで面倒見が良いと言われる	
B	献身的で頼れる存在だと言われる	
C	思慮深く論理的だと言われる	
D	合理的でクールだと言われる	
E	繊細でロマンティックだと言われる	
F	道徳的で理想主義だと言われる	
G	穏やかで安心感があると言われる	
H	エネルギッシュで楽観的と言われる	
I	パワフルで決断力があると言われる	

	Q4	
A	人は信頼し合い助け合うことが大切だ	
B	理屈やルールより気持ちが大切だ	
C	洞察力や好奇心こそが大切だ	
D	目標達成には効率的な行動が大切だ	
E	日常のなかの幸福感や感動が大切だ	
F	物事を成し遂げるには責任感が大切だ	
G	平穏な安らぎこそ世の中に大切だ	
H	情熱や快楽のある人生が大切だ	
I	強い意思と決断力、挑戦が大切だ	

	Q5	
A	人と協力関係が築けないとき不安になる	
B	人に対しておせっかい過ぎることがある	
C	自分の考えに没頭し孤立することがある	
D	現実以上に見栄を張ることがある	
E	自意識過剰だと思うことがある	
F	小さな欠点やミスも気にかかる	
G	葛藤や不快なことはあまりない	
H	せっかちで衝動的なときがある	
I	自分の弱さを認めたくない	

	合計点
A	
B	
C	
D	
E	
F	
G	
H	
I	
合計	15点

クライアントのパーソナリティータイプ	

◎を２点、○を１点としてＡ～Ｉの合計点欄に点数を記入してください。

右の合計点が１番目に高かったアルファベットが、クライアントの「気質」を表すパーソナリティータイプとなります。

一番高い点数のアルファベットが２つ以上あった場合は、Ｑ１で一番当てはまると思ったものがクライアントのパーソナリティータイプです。

もし「Ｂ、Ｅ、Ｆが同点の４点だった場合」は、Ｑ１の設問に戻り、Ｂ、Ｅ、Ｆの３つの問の中で一番現在の自分に当てはまると思ったアルファベットがパーソナリティータイプとなります。

このように、９つのパーソナリティータイプがありますが、人は１つのパーソナリティータイプだけでなく、色々な面を複合的に持っていて、環境や経験、人生のステージ、または相手によって異なるパーソナリティーが前面に出ることもありますが、生まれながらに持つ「気質」は変わることはありません。

また、１つのパーソナリティーでも、それぞれに「気力に溢れた状態」のときと一般的な「普通の状態」のとき、「力をなくした状態」というように、エネルギーのレベル（図表27）があり、エネルギーの状態により、異なる性格の特徴が出ます。

【図表27　エネルギーのレベル】

「気力に溢れた状態」とは 情緒的なバランスがとれ、地に足が着いている状態でエネルギーに溢れ、自分の考えや行動を客観的にみることができます。人に対する共感能力もありながら、心の落ち着きと活力があるポジティブな状態です。
「力をなくした状態」とは 外的なストレスや否定的な感情により精神的な緊張があり、自分の考えや行動に対する自覚が低くなり、自分本位の欲求や恐れに振り回されてストレスにうまく対応できない状態です。過剰反応や対人関係の問題などに余計なエネルギーを使うために、緊張や抑制を繰り返します。

「普通の状態」とは
「気力に溢れた状態」と「力をなくした状態」の中間または軽度の「気力に溢れた状態」と「力をなくした状態」を繰り返す状態です。

９つの香りのグループ

それぞれのパーソナリティーのエネルギーを高めて、魅力を輝かせる香りは次のとおりです。

①Ａタイプのパーソナリティーのエネルギーを高める香り

フルーティー：『果実（フルーツ）』から採れる香り

「代表的な香料」

オレンジ、カルダモン、グレープフルーツ、マンダリン、ベルガモット、レモン、ライム、ユズ、タンジェリン、ジュニパーベリー、クローブ、トンカビーンズ、バニラ

爽やかでみずみずしい柑橘系が代表するように、燦々と太陽を浴びて育った果実は心を前向きに明るくします。

また、温かな甘さのある元気な香りがＡタイプの不安な気持ちをぬぐい去って安心感を与え、明るくて快活なＡタイプらしいエネルギーを高めます。

②Ｂタイプのパーソナリティーのエネルギーを高める香り

ハービー：『薬草（ハーブ）』から採れるエッセンシャルオイル

「代表的なエッセンシャルオイル」

クラリセージ、ゼラニウム、スペアミント、タイム、バジル、ペパーミント、マジョラム、ラベンダー、ローズマリー薬草であるハーブは、古来から自然の恵みとして様々なかたちで人々を癒し助けてきました。

香草の清々しい香りは自然への慈しみの心を思い出させてくれます。薬草の香りは、Bタイプの持つ慈愛の心を高めて献身的な愛のエネルギーを高めます。

③Cタイプのパーソナリティーのエネルギーを高める香り

リーフィー：樹木や植物の『葉（リーフ）』から採れるエッセンシャルオイル

「代表的なエッセンシャルオイル」

サイプレス、ティートリー、バイオレットリーフ、パイン、パチュリー、ファーニードル（モミ）、プチグレン、ユーカリ、ラベンサラ、グリーンティー

木の葉の清々しくフレッシュなグリーンの香りは、頭を覚醒させ明晰にする働きがあり、Cタイプの理性や観察力を高めて、知的なエネルギーを高めます。

クールでシャープなイメージのCタイプを応援する香りです。

④Dタイプのパーソナリティーのエネルギーを高める香り

フローラル：『花（フラワー）』から採れるエッセンシャルオイル

「代表的なエッセンシャルオイル」

アイリス、イランイラン、オスマンサス（金木犀）、カーネーション、カモミール、ジャスミン、チャンパカ、チュベローズ、ナルシサス（水仙）、ネロリ、ヒヤシンス、ミモザ、ピンク（ホワイト・ブルー）ロータス、ラベンダー、リンデンブロッサム、ローズ

花の華やかで優雅な香りは、高揚感と幸福感をもたらして、Dタイプの向上心や達成感を望む気持ちを高めます。また、Dタイプが持つ華やかに周囲を魅了するエネルギーを高めます。

⑤Eタイプのパーソナリティーのエネルギーを高める香り

シーディー：植物の『種子』（シード）から採れるエッセンシャルオイル

「代表的なエッセンシャルオイル」

アニス、アンゼリカシード、アンブレットシード、キャラウェイ、キャロットシード、クミン、コリアンダー、フェンネル、ナツメグ、ディル、パセリシード

芽を育てて花を咲かせ実らせる命の源である種子の香りがインスピレーションと創造性を刺激するように、軽快なスパイスの風味豊かな香りが、繊細でクリエイティブなEタイプの美的感覚や芸術的なエネルギーを高めます。

⑥Fタイプのパーソナリティーのエネルギーを高める香り

レジニー：『樹脂』（レジン）から採れるエッセンシャルオイル

「代表的なエッセンシャルオイル」

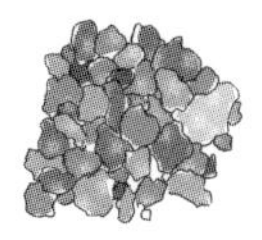

エレミ、オポポナクス、ガルバナム、スチラックス、トルーバルサム、ペルーバルサム、コパイバ、フランキンセンス、ベンゾイン、ミルラ

樹木や潅木から滲み出した樹脂から採れるエッセンシャルオイルは、古来から神殿などで使われてきた香りです。

神聖な物を守り、浄化する樹脂の香りは、Fタイプの邪念なく完璧を目指して物事を成し遂げるエネルギーを高めます。

⑦Gタイプのパーソナリティーのエネルギーを高める香り

ルーティー：植物の『根』(ルート) から採れるエッセンシャルオイル

「代表的なエッセンシャルオイル」

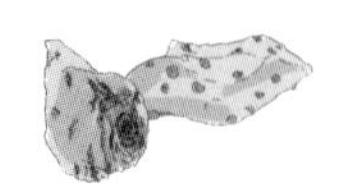

アンゼリカ、オリス、ジンジャー、スパイクナード、ターメリック、バレリアン、ベチバー

温かな土の匂いで心を穏やかにする根の香りは、Gタイプの心に安定と平和をもたらして、Gタイプの持つ、平和的で優しい癒しのエネルギーを高めます。

⑧Hタイプのパーソナリティーのエネルギーを高める香り

スパイシー：植物や樹木のさまざまな部分で『スパイス』から採れるエッセンシャルオイル

「代表的なエッセンシャルオイル」

アニス、オールスパイス、キャラウェイ、クミン、クローブ、コリアンダー、シナモン、ジンジャー、ターメリック、ナツメグ、ブラックペッパー

ホットで刺激的なスパイスの香りは、Hタイプにエネルギッシュな行動力を与えて、Hタイプの楽観的で力強く、喜びに満ちたエネルギーを高めます。

⑨Iタイプのパーソナリティーのエネルギーを高める香り

ウッディー：心材、木屑など『木』(ウッド) から採れるエッセンシャルオイル

「代表的なエッセンシャルオイル」

サンダルウッド、シダーウッド、シナモンバーグ、

スプルース、パイン、ローズウッド、ヒノキ、ヒバ、クロモジ
　木の香りが織りなす力強い自然の息吹を感じ取れる香りです。
　大地に根を張り堂々とした木の香りは、Ｉタイプに自信と力を与え、強い信念で堂々と我が道を行くエネルギーを高めます。

【図表 28　パーソナリティーに対応する香りのノートとプラス効果】

タイプ		パーソナリティー	プラス効果をもたらす香り
A	フルーティー	信頼を大切にする人	太陽を浴びて育った果実は、A タイプの心を快活に明るく友好的にします。
B	ハービー	人の助けになりたい人	人を癒し助ける薬草の香りは、B タイプの慈愛の心を高めます。
C	リーフィー	論理的で思慮深い人	頭を覚醒させ明晰にする葉の香りは、C タイプの理性や観察力を高めます。
D	フローラル	達成を求め認められたい人	高揚感をもたらす花の香りは、D タイプの向上心や達成感を望む気持ちを高めます。
E	シーディー	繊細でクリエイティブな人	命の源である種子の香りは、E タイプのインスピレーションと創造性を高めます。
F	レジニー	完璧を求める人	神聖な物を守り、浄化する樹脂の香りは、F タイプの強い意志力を高めます。
G	ルーティー	穏やかさと平和を好む人	温かな土の匂いで心を穏やかにする根の香りは、G タイプの心に安定と平和をもたらします。
H	スパイシー	楽しさを求め熱中する人	ホットで刺激的なスパイスの香りは、H タイプにエネルギッシュな行動力を与えます。
I	ウッディー	強く我が道を行く人	大地に根を張り堂々とした木の香りは、I タイプに自信と力を与えます。

【図表 29　パーソナル・ブレンドの構成】

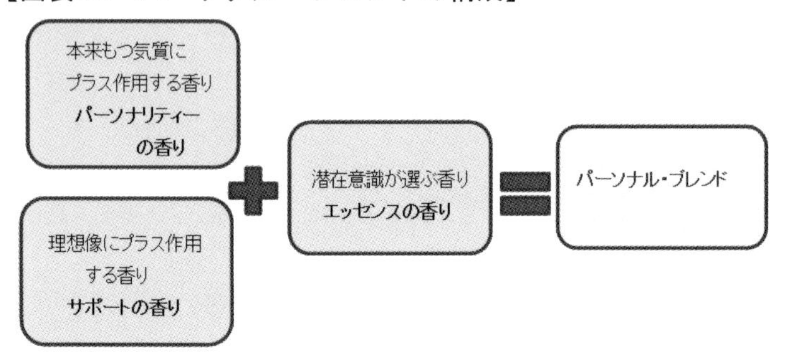

図表 29 のように、パーソナル・ブレンドの構成は次の３つです。

◇自分のパーソナリティーの傾向を知って受け入れる（パーソナリティーの香り）

◇理想とする（必要な）パーソナリティーに近づける（サポートの香り）

◇今の自分にとって必要な（エッセンスの香り）

あなたの選んだ香りを下記に書き入れてみましょう。

3つの要素	エッセンシャルオイル名
①パーソナリティーの香り	
②サポートの香り ※1つか2つ選びます。	
③エッセンスの香り	

ブレンドの効果

クライアントの生まれながらの「気質」からくるパーソナリティー

の魅力を高め、理想像に近づけて、そして潜在意識が選んだ、３つの香りが織り成す香りのハーモニーは、クライアントをイキイキと輝かせ、幸せな毎日へと導いてくれるはずです。
イベントやワークショップなどでも使えるメソッドですので、ぜひ試してみてください。

4　占星術を用いた調香

占星術と植物

占星術は、天文学と密接に結びつくものですが、古来より植物の生育と星の運行も深く関わりがあるとされ一緒に研究されてきました。
星など天体の位置を見ながら種まきの時期を決めたり、刈り取りの時期を決めたりしていたことを考えると、天文学と植物学は切っても切り離せない関係だったのではないでしょうか。
１つの植物のエネルギーが満ちて香り立つときには、そこに特定の天体の配置があったはずです。
ここでは、西洋占星術と植物の香りを結びつけるメソッドについてみてみましょう。

「ホロスコープ・チャート」で星座を調べる

インターネットで「ホロスコープ作成」と入力すると、無料で簡単に自分のホロスコープチャートを見ることができます。
サイトに生年月日と生まれた時間（時間はわかる場合）、出生地を入力して出てきたホロスコープ・チャートにより、生まれたときの天体位置表を見ます。
※参考 URL　http://goisu.net/chart/（ホロスコープ・チャート）

「星座と象徴の香り」からのセレクト

自分の星座とは、生まれたときの場所から見て、太陽の位置にあった星座を表します。

厳密に言えば、例えば同じ山羊座でも、月の位置、金星の位置、水星の位置などは人によって違うわけで、一概には言えませんが、ここでは「本来のその人らしさ」を表す太陽星座から見た香りのセレクトについて述べます。

完成したオーダーメイドフレグランスをよりカスタマイズ化するために、クライアントの生年月日から導かれる星座の象徴の香りを用いるのも、興味のあるクライアントには満足度の高い処方です。

図表30は著者が用いている星座と象徴する香りの一例です。

【図表30　星座と象徴する香りの一例】

星座	象徴の香り	星座	象徴の香り
山羊座	ベチバー	かに座	カモミール
水瓶座	ネロリ	獅子座	ジャスミン
うお座	メリッサ	乙女座	ラベンダー
牡羊座	ローズマリー	天秤座	ゼラニウム
牡牛座	ローズ	蠍座	パチュリ
双子座	バジル	射手座	ブラックペッパー

星座と象徴の香りについて

♑山羊座は社会的責任や伝統を表すサイン

理想を実現するために着実な努力を惜しまない山羊座の気質を、ベチバーの根から抽出した力強く安心感のある香りが象徴します。

♒水瓶座は個性と革新を表すサイン

自由で平等な新しい価値観を持つ水瓶座の気質を、ビターオレンジの花から抽出したネロリの開放的で温かみのあるフレッシュな香りが象徴します。

♓魚座は夢と幻想と共感を表すサイン

優しさと共感性を持ち芸術的センスの高い魚座の気質を、人の心を癒し明るく楽しくさせるメリッサの香りが象徴します。

♈牡羊座は勇猛果敢で行動の早さを表すサイン

物事を新しくスタートさせるパワーに満ちあふれた牡羊座の気質を、勢いよく成長し春にいち早く花をつけるローズマリーのシャープな香りが象徴します。

♉牡牛座は粘り強さと着実さを表すサイン

ゆったりと着実に前進し、心地よいもの美しいものを追求する牡牛座の気質を、ローズドメ（5月の薔薇）が代表するように美しさと粘り強さを兼ね備えたローズの香りが象徴します。

♊双子座は情報と頭の回転のよさを表すサイン

情報に敏感でコミュニケーション能力に優れる社交家の双子座の気質を、フレッシュで揮発性が高く刺激的なバジルの香りが象徴します。

♋蟹座は身内を守り、大切にすることを表すサイン

心温かく安心し合える関係を大切にする蟹座の気質を、母のハーブと言われるカモミールの穏やかで優しい香りが象徴します。

♌獅子座は自己表現や創造を表すサイン

感動を表現したり自己表現が得意な百獣の王獅子座の気質を、花の王ジャスミンの華やかで周りを魅了する香りが象徴します。

♍乙女座は現実的で完璧主義を表すサイン

機能的、シンプルで清潔感を大切にし、完璧にやり遂げる管理能力に優れる乙女座の気質を、清潔さ、きちんとたたまれて甘い香りのするリネンを思い起こさせるラベンダーの香りが象徴します。

♎天秤座は公平で協調性を表すサイン

人との関係性において協調性とバランス感覚があり美的センスに

も優れる天秤座の気質を、心のバランスやブレンドの香りのバランスを整えるゼラニウムの香りが象徴します。

♏蠍座は深く追及することと情愛を表すサイン

探求心と我慢強さがあり大胆で情愛にも厚い蠍座の持つ気質を、甘さと深みがありエキゾチックで官能的なパチュリの香りが象徴します。

♐射手座は広い視野や自由奔放性を表すサイン

広い視野をもって未知なる世界にまっすぐ突き進む情熱的な射手座の気質を、ホットで刺激的、エネルギッシュなブラックペッパーの香りが象徴します。

惑星からのメッセージからセレクトする香り

占星術では、太陽、月、水星などの惑星にはそれぞれ表すものがあり、私たちが人生を生きるうえでのメッセージをくれていると言われています。

現代の占星術の考察からみた各惑星の表す事象と関わる香りについて見てみましょう。

①太陽（ザ　サン）

物理的にもちょうど太陽系の光り輝く中心であるように、太陽はその人の本来の自分、その存在の核（コア）を表しています。

自分らしく運命を切り開いていきたいとき、上述の太陽星座の象徴の香り、または太陽と関わりがあるとされる次の植物の香りをセレクトすることができます。

アンジェリカ、ベンゾイン、ベルガモット、カレンデュラ、シナモン、フランキンセンス、グレープフルーツ、ヘリクリサム、ジャスミン、マンダリン、ミルラ、オレンジ、ローズマリー

②月（ザ　ムーン）

母性、女性性、無意識、感情の領域、感性そして欲望を象徴しているのが月だと言われています。

リラックスしてのびのびと心地よくいたいとき　月と関わりのある以下の植物の香りをセレクトすることができます。

カモミール・ローマン、メリッサ、レモン、チュベローズ、イエライシャン、チャンパカ

③水星（マーキュリー）

話すことや書くことなどの方法、コミュニケーション能力、私たちの知性・理性や意思伝達の方法を象徴すると言われます。

知性とコミュニケーションで人間関係を円滑にしたいとき　水星と関わりのある知的刺激を与える以下の植物の香りをセレクトすることができます。

バジル、キャラウェイ、セロリ、クラリセージ、フェンネル、ラベンダー、マートル、パセリ、ペパーミント、タイム

④金星（ヴィーナス）

感覚的な快感、美、芸術、そして愛や社交性、物質的な豊かさを象徴すると言われています。

愛情と感覚・物質両面の豊かさを手に入れたいとき　金星と関わりのある以下の植物の香りをセレクトすることができます。

ローズ、ゼラニウム、パルマローザ、バイオレットリーフ、イランイラン

⑤火星（マース）

自分を対外的に打ち出すことや、自分の真実大義を掲げた情熱的な行動力、積極的な攻めの姿勢、勝利への欲求を象徴すると言われています。

勇気や行動力をもって物事に立ち向かいたいとき　火星と関わり

のある以下の植物の香りをセレクトすることができます。

ブラックペッパー、クローブ、コリアンダー、クミン、ジンジャー、パイン

⑥木星（ジュピター）

幸運と拡大の惑星であり、同時に哲学と高次の学びの星でもある木星は、発展や拡大、可能性を広げることを象徴すると言われています。

明るい発展性のチャンスを掴み幸運を得たいとき　木星と関わりのある次の植物の香りをセレクトすることができます。

マジョラム、ナツメグ、ローズウッド、スパイクナード

⑦土星（サターン）

調整や慎重さ、試練や抑圧を表す土星は、自己管理を象徴すると言われています。

社会における安定した立場を確立したり、努力により成功に導きたいとき　土星と関わりのある以下の植物の香りをセレクトすることができます。

シダーウッド、ユーカリ、ジュニパー、ティートリー、ベチバー

⑧天王星（ウラヌス）

改革や独自性を表す天王星は、日常を突き破る力を持ちオンリーワンでありたいという欲求を表すと言われています。

独自性やひらめきを求められる分野で活躍したいとき　天王星と関わりのある以下の植物の香りをセレクトすることができます。

ラベンダー、レモンヴァーベナ、ネロリ、パイン、パチュリ、バイオレットリーフ

⑨海王星（ネプチューン）

理想や幻想、癒しを表す海王星は、夢や神秘的なもの、また自我から解放されたいという欲求を表すと言われています。

情緒的な満足感や癒しを求めたいとき　海王星と関わりのある次の植物の香りをセレクトすることができます。

オークモス

⑩冥王星（プルート）

破壊と再生、こだわりを表す冥王星は、死と再生、物事の本質や常識を根底から覆すような変化を表すと言われています。

ピンチを乗り切るために思いがけない能力や集中力を発揮したいとき　海王星と関わりのある以下の植物の香りをセレクトすることができます。

サイプレス、パチュリ

5　空間のテーマに合わせた調香

ルームフレグランスを楽しむ

アロマフレグランスは、身につけるほかに、ライフシーンに合せたルームフレグランスとして香りを楽しむことができます。

天然香料ならではのアロマテラピー効果を活かして、それぞれの香料の特性を上手く使ってみましょう。どのようなシーンで使うと効果的なのか、下記はその一例です。

シトラス調

レモン、オレンジ、グレープフルーツ、ベルガモットなど柑橘系のフルーツの香りは、気持ちを明るく前向きにし、気分をリフレッシュします。

このほかデオドラント効果や殺菌効果にも優れます。

玄関やキッチン、トイレにシトラス調の香りを置けば、デオドラント効果を利用することができます。

またシトラス調の香りを子供部屋や、コミュニケーションを高めたい場所に置けば、気持ちを明るくする心理的効果につながります。

アロマティック調

ローズマリー、ペパーミント、バジルなどハーブの香りには、集中力を高めて頭脳を明晰にする作用や、気分をリフレッシュする作用、また空気を浄化する作用があります。

仕事部屋やお子様の勉強部屋、また、近年の実験データの結果から認知症の予防、緩和にも作用が期待できることから、高齢者が寛がれるスペースにおすすめです。

フローラル調

ローズ、ゼラニウム、イランイラン、ジャスミンなど花の香りには、気持ちを高揚させて幸せな気分にしたり、リラックスさせたりするパワーがあります。

快適で幸せな気分でいられる時間はとても大切なものです。そんなときに楽しみたいのが花の香りです。

居間や寝室、また入浴タイムに優しい香りに包まれるのもストレス解消になります。

ウッディー調

サンダルウッド、シダーウッド、フランキンセンスなど木の香りには、気分をリラックスさせて、心を深く癒すパワーがあります。

くつろぎの居間、寝室、１日の疲れを癒す入浴シーンなど、ほっと落ち着いて心身をメンテナンスしたいときにおすすめです。

第8章
世界の名香にみるレシピからのヒント

1　香水史に残る名香

手本となる香料の組み合わせ

19 世紀末に近代香水が誕生するまで、香水の処方は天然の香料を組み合わせたものでしたが、合成香料の出現により、これまでに嗅いだことのない想像を掻き立てる香りが賞賛され、数々の名香と呼ばれる香水がつくられるようになりました。

アロマフレグランスは、あくまでも天然香料にこだわるものですが、香料の組み合わせを考えるうえで、こういった歴史的に名の残る香りの個性やそのブレンド内容を知ることも、大切なことです。

2　香水の分類（ファミリー）

香水の分類（ファミリー）

香水は、香料の割合の多いものを中心（主役）に、花の香り、木の香り、柑橘系の香り、ハーブの香りといったように、ベースとなる香りが何の香りなのか、どんな香水なのか、分類してわかりやすく表現されています。

例えば、ローズ、ジャスミン、ミュゲ（すずらん）をベースとする香水は「フローラル調」――ラベンダー、ローズマリー、クラリセージをベースとする香水なら「アロマティック調」――サンダルウッド、サイプレス、シダーウッドをベースとする香水なら「ウッディ調」としたら、わかりやすくなります。

このように、香水に用いる香料の特徴を note（香調）として分類します（香調による分類については、「第２章　香りの系統分類と特性」を参照してください）。

さらに、複数の香調を持つ香水がたくさんあることから、香水を「ファミリー」として分類しています。世界の名香をファミリーで分類し、その処方に有効な天然香料を見てみましょう。

【図表31　香水のファミリーの分類】

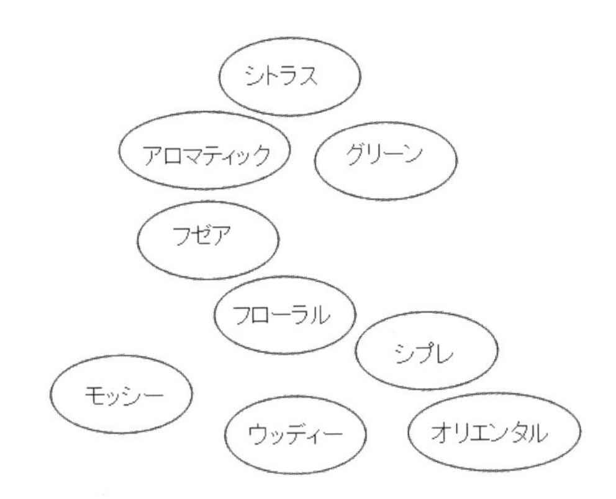

3　シトラス（ヘスペリディック）

フレッシュでみずみずしい柑橘系の香り

ベルガモット、マンダリン、シトロン、クレメンタインなどを調合した爽やかなトップノートとして使われるノートで、多くの香水に用いられています。
特に、世界最古のオーデコロンである「4711コロン」に強くみられるノートです。

4711 Cologne　4711コロン（Muhlens）1792年
世界最古のオーデコロン　柑橘系の爽やかな香り。

トップ：ベルガモット、レモン、オレンジ、プチグレン、ローズマリー
ミドル：ラベンダー、ネロリ

EAU DE COLOGNE extra vieille オーデコロン（Rojer & Gallet）1806年
代表的なクラシックオーデコロンの１つ。

トップ：ベルガモット、レモン、オレンジ、プチグレン、ローズマリー、レモンヴァーベナ、タイム
ミドル：ネロリ、ラベンダー、ゼラニウム、カルダモン、
ラスト：イリス

4　アロマティック

香草の清々しい香り

ラベンダー、セージ、ローズマリーなどを調合した香りは、アコードに自然な風味を与えます。「ジッキー」などのフゼア系の作品にもよく用いられます。

バジル、ローリエ、アニス、フェンネル、タラゴン、ディル、ミントもこのノートに属します。

English Fern イングリッシュ・ファーン（Penhaligons）1872年
クローバー、ラベンダー、ゼラニウムが敷き詰められた英国の森をイメージさせる作品。

トップ：ラベンダー、ゼラニウム
ミドル：クローブ
ラスト：サンダルウッド、パチュリ、オークモス

5　グリーン

葉をちぎったり茎を折ったりしたときの青い匂いを彷彿とさせる香り

ガルバナムやバイオレットリーフの香りを調合した印象的なノート。このノートをフローラルノートと合わせると、摘みたての野の花の香りが表現できます。

「ヴァンヴェール」、「ヴォル　ド　ニュイ（夜間飛行）」や「フィジー」などに用いられています。

Vol de Nuit　ヴォル　ド　ニュイ (Guerlain) 1933年

日本では「夜間飛行」として知られる。女性の肌にのったときの艶かしさが特徴。

トップ：ガルバナム、ベルガモット
ミドル：イランイラン
ラスト：バニラ、ベンゾイン、イリス、ペルーバルサム、サンダルウッド、アンブレットシード

Vent Vert　ヴァンヴェール (Pierre Balmain) 1945年

華やかなフローラルブーケや甘く妖艶なオリエンタルノートが女性用フレグランスの主流であった当時、その流れに反逆するように発表された「緑の風」という名の爽快感を探求した香水。

トップ：ガルバナム、ベルガモット
ミドル：ローズ、ジャスミン、ネロリ、イランイラン
ラスト：サンダルウッド、オークモス

Fidji　フィジー（Guy Laroche）1966年

一世を風靡したグリーンノートをもつ名作。名前は南国の島フィジー（Fiji）より。

トップ：ガルバナム、ベルガモット、レモン
ミドル：ローズ、ジャスミン、イランイラン、カーネーション
ラスト：イリス、ベチバー、オークモス、サンダルウッド、パチュリ、アンブレットシード

6　フローラル

優雅で華やかな香り

ローズ、ジャスミン、イランイラン、スズランなどを調合した香り。

重要なハートノート（ミドルノート）として、多くの香水に用いられています。

代表的には「シャネルNo5」、「ジョイ」、「アナイス　アナイス」、など。

エレガントな香りからゴージャスな香りまで幅広いバリエーションがあります。

CHANEL No5　シャネルナンバーファイブ（Chanel）1921年

デザイナー香水の初作品（実はポール・ポワレのほうが古いと言われていますが）。

100年前の発売以来、今も世界中でベストセラーの香水。

トップ：ベルガモット
ミドル：ジャスミン、ローズ、イランイラン
ラスト：シダーウッド、サンダルウッド、バニラ、アンブレット

シード、ベチバー

Joy　ジョイ (Jean Patou) 1931年

貴重な天然香料、グラース産ローズドメとジャスミンを中心に完成した作品。

トップ：イランイラン、チュベローズ
ミドル：ローズ、ジャスミン、ヒヤシンス
ラスト：サンダルウッド、アンブレットシート

L' Air du Temp レールデュタン (Nina Ricci)1948年

国、性別、年齢を問わず嗜好性がよい香水。

トップ：ベルガモット
ミドル：ネロリ、ローズ、ジャスミン、イランイラン、ローズウッド
ラスト：サンダルウッド、ベンゾイン、ベチバー、シダーウッド、クローブ

Anais Anais アナイス　アナイス (Chacharel) 1979年

チュベローズの効いたロマンティクなブーケ調の香水。

トップ：ガルバナム
ミドル：チュベローズ、ジャスミン、ローズ、イランイラン
ラスト：イリス、サンダルウッド、ベチバー、クローブ、バニラ

Paris パリ (Yves Saint Laurent)1983年

香水Joyのモダンバージョン。

トップ：ベルガモット
ミドル：ヒヤシンス、ゼラニウム、ジャスミン、ローズ、ミモザ
ラスト：アンブレットシード、イリス、クローブ、サンダルウッド

7　モッシー

土臭く温かな香り

パチュリー、オークモスなどを調合したナチュラル感のあるノートで、温かな深みを与えるノートです。

「シプレ ド コティ」、「タブー」、「フィジー」、「オーソバージュ プール オム」などに用いられ、「シプレ調」「フゼア調」には欠かすことはできません。

また男性用フレグランスにもよく用いられるノートです。

Tabu　タブー(Dona)1931年

タブータイプの源流となる作品。フローラルスパイシー、ウッディ、アニマルノートの独特のバランスが特徴。

パチュリとカーネーションがテーマ。

トップ：シトロネラ
ミドル：ローズ、ネロリ、ジャスミン、カーネーション
ラスト：オークモス、パチュリ、クローブ、バニラ

Eau Sauvage Pour Homme　オーソバージュ プール オム
(Christian Dior) 1966年

最もさわやかなフレグランスとして、女性にも嗜好性がよく、ユニセックスな作品の代表作。

トップ：ベルガモット、レモン、オレンジ、プチグレン、ローズマリー
ミドル：ラベンダー、クラリセージ、カルダモン
ラスト：パチュリ、オークモス、ベチバー、トンカビーンズ、クローブ

8　ウッディ

木の心材の香り

シダーウッド、サンダルウッド、ローズウッド、およびベチバーなどをブレンドした力強い自然の息吹を感じ取れるノートで、香りに持続性をもたらします。多くの香水に用いられます。

Vetiver ベチバー (Guerlain)1961 年

ウッディーな香調のベチバーをテーマとした作品。

トップ：ベルガモット、レモン、マンダリン
ミドル：ネロリ、コリアンダー
ラスト：ベチバー、タバコ、ブラックペッパー、トンカビーンズ

Polo　ポロ (Ralph Lauren) 1978 年

パチュリーの効いたウッディーなシプレーに分類されることもある。

トップ：レモン、ベルガモット、タイム
ミドル：コリアンダー、イランイラン、フェンネル、ゼラニウム、ジャスミン

ラスト：パチュリ、ベチバー、シダーウッド、トンカビーンズ、バニラ、クローブ

9　シプレ

アコードに気品を与える香り

オークモスをベースにベルガモット、ローズ、ジャスミン、ベチバー、バルサム、パチュリなどを調合した温かみのあるドライな香りが特徴的。

地中海の「キプロス島」を意味するフランス語に由来し、地中海周辺で産する花、果実、樹木などに苔の香りを調合した上品な香りです。

Chypre do Coty　シプレ ド コティ（Coty）1917年

シプレファミリーを世に生み出した偉大な香水。

トップ：ベルガモット、レモン、オレンジ、
ミドル：ローズ、ジャスミン、イランイラン
ラスト：バニラ、オークモス、パチュリ、ベチバー、シストローズ

Ｍitsuko　ミツコ（Guerlain)1919年

香水中の香水。完全にバランスのとれた最高の構成と称される。

トップ：ベルガモット、レモン
ミドル：ローズ、ジャスミン、ネロリ
ラスト：オークモス、パチュリ、ベチバー、シダーウッド、ブラックペッパー、シナモン、アンブレットシード、シストローズ、ベンゾイン

Miss Dior　ミス　ディオール（Christian Dior） 1947年
　調香史上最高技術を誇ると言われる高級感のあるシプレ。

　トップ：ベルガモット
　ミドル：ローズ、ジャスミン
　ラスト：オークモス、パチュリ、ベチバー、イリス、サンダルウッド、
　　　　　バニラ、トンカビーンズ、アンブレットシード

10　フゼア

アロマティックな香り

　ラベンダー、オークモス、トンカビーンズをベースにベルガモットやゼラニウムなどを調合した爽やかで香り高いファミリー。

Fougere Royal　フジェールロワイヤル/フゼアロワイアル
(Houbigant) 1882年
　上流階級の男性がスーツを着てキリっとしたときに相応しい、上品で格調高い香水。

　トップ：ベルガモット、プチグレン
　ミドル：ラベンダー、ゼラニウム、ローズ、カモミール、カーネーション
　ラスト：オークモス、パチュリ、トンカビーンズ、バニラ、アンブレットシード

Jicky　ジッキー1889(Guerlain)　1889年
　世界最古の香水　フゼア調のハーバルで甘い香り。

トップ：ベルガモット、ローズマリー、バジル、ローリエ
ミドル：ラベンダー
ラスト：トンカビーンズ、バニラ、シナモン

Cool Water クール　ウォーター (Davidoff) 1988 年
ドイツのマーケットのベストセラー。典型的な現代風コロン。

トップ：ベルガモット、ペパーミント、ローズマリー、ガルバナム
ミドル：ジャスミン、ネロリ、バイオレットリーフ、コリアンダー
ラスト：サンダルウッド、シダーウッド、オークモス、イリス、
　　　　アンブレットシード

11　オリエンタル

芳醇な柔らかみが特徴

「東洋風、東洋的な」という意味をもちます。

花の香りに東洋で産するスパイスや動物系の香料をブレンドしたエキゾチックな印象です。

バニラをベースにバルサム、サンダルウッド、パチュリ、ヘリオトロープなどを調合したセクシーで柔らかな香りです。

また、樹脂の香りフランキンセンス、オポポナックス、ミルラ、スチラックスや、バニラ、トンカビーンズ、ベンゾイン、ペルーバルサムなどを用いることで処方に深みや保留性、独創性が生まれます。

L ‘Origan de Coty　ロリガン ド コティ (Coty) 1905 年
オリエンタル調の１つオリガンタイプの基調となった香水。

トップ：ベルガモット
ミドル：ジャスミン、ローズ、オレンジフラワー
ラスト：トンカビーンズ、バニラ、サンダルウッド、トンカビーンズ、パチュリ、ベチバー、アンブレットシード

Shalimar シャリマー (Guerlain)1925年
オリエンタル調の一系統であるオポポナクス調の頂点に立つ作品。

トップ：ベルガモット、レモン
ミドル：ローズ、ジャスミン、ローズウッド、コリアンダー
ラスト：サンダルウッド、トンカビーンズ、バニラ、パチュリ、ペルーバルサム、ベンゾイン、オポポナックス

Opium オピウム (Yves Saint Laurent)1977年
香りもさることながら、瓶、パッケージでは印籠を思わせる奇抜なデザインにより欧米で上位の売上となった。

トップ：オレンジ、ベルガモット、レモン
ミドル：ローズ、イランイラン、ジャスミン、カーネーション
ラスト：トルーバルサム、ベンゾイン、スチラックス、パチュリ、サンダルウッド、バニラ、トンカビーンズ、クローブ

Poison プワゾン (Christian Dior)1985年
アンバーの効いた東洋調の香り。パッケージ、ビン、ネーミング、セックスアピールの強い宣伝が興味をひいた。

トップ：キンモクセイ

ミドル：イランイラン、ローズ、ジャスミン、チュベローズ、コリアンダー
ラスト：アンブレットシード、トンカビーンズ、ブラックペッパー、バニラ

Obsession　**オブセッション**（Calvin Klein）1985年

発売当初大胆な宣伝もあってベストセラーになったオリエンタル調の逸品。

トップ：ベルガモット、オレンジ、レモン、タイム
ミドル：ローズ、ジャスミン、アイリス
ラスト：オークモス、バニラ、アンブレットシード、パチュリ、シナモン、トンカビーンズ、サンダルウッド

12　あなたもパフューマー

世界の名香といわれる作品からヒントを得て、貴方の感性で奏でるアロマフレグランスの調香に是非トライしてみてください。

１つひとつの香料の特徴を知ったうえで、自分の感性やバランス感覚にしたがって、テーマや目的に合わせた香りを調合することを心がけ、「ベストフレグランス」を探し当ててください。

香りで音楽を奏でるように、絵を描くように、物語を綴るように、様々な目的に合わせて、自然の香りを綺麗なバランスで表現することを目指しましょう。

自分が心地よいと思う香りに出会ったときに感じる高揚感は味わった人にしかわからないもの。その瞬間を１人でも多くの方に味わってもらうために。

第９章
アロマフレグランスを販売する上での安全性

1　関連法規について

香料の原料であるエッセンシャルオイルを取り扱う上で、次のような関連法規について理解しておく必要があります。

薬機法

薬機法は「医薬品」「医薬部外品」「化粧品」「医療機器」「再生医療等製品」の品質と有効性及び安全性を確保するために、製造、表示、販売、流通、広告などについて細かく定めたものであり、医薬品等を製造、販売、広告する際には、厚生労働省による認可が必要です。

エッセンシャルオイルは「雑貨」として扱われるため、次の２つのことに留意する必要があります。

①「医薬品」「医薬部外品」「化粧品」「医療機器」と誤解されるような表示や広告、口頭での説明を行ってはいけません。

②「医薬品」「医薬部外品」「化粧品」「医療機器」の製造業の許可を受けていない者が業として製造（小分けを含む）してはいけません。

例えば、エッセンシャルオイルを使ったアロマフレグランスを医薬品や医薬部外品と間違われるような説明を行うことは禁じられています。

また、「化粧品」とは、「皮膚若しくは毛髪を健やかに保つために、身体に塗擦、散布その他これらに類似する方法で使用されることが目的とされているもので、人体に対する作用が緩和なもの」のことをいうため、肌に塗布する香水も「化粧水」の範疇に入ります。

そのため、アロマフレグランスを販売する際も認可をとるか、認可を取ることが難しい場合は、必ず薬機法上の「化粧品」ではないことをクライアントに説明し、商品説明書に明記しなければなりません。

その際には、直接肌につけない使い方（インナーにつける、ルームスプレーのようにシャワーとして使う、ピローミストとして使う、ハンカチなどの持ち物につけるなど）をご紹介します。

なお、ワークショップやセミナーで受講者が自分で調香する場合は、この法律に該当しませんので自由に使っていただけます。

製造物責任法（ＰＬ法）

この法律は、消費者の保護と救済を目的につくられました。製造物の欠陥によって被害が生じた場合、その製造業者などに損害賠償が生じるというものです。

エッセンシャルオイルにもこの法律が適用されるので、製造者、輸入業者が製造責任を負うことになります。

フレグランスボトルなどの容器や包装には十分な確認が必要です。

消防関係法「危険物の規制に関する政令」

エッセンシャルオイルは引火しやすい揮発性物質のため、普段から保存や使用の際に火気に注意する必要がありますが、販売業者や輸入業者としてエッセンシャルオイルを大量に保管する場合はさらに注意が必要です。

ただし、法律的にはエッセンシャルオイルを何百キロ、何トンという量で保管しない限り、（例えば、10mlの瓶数百本くらいの場合は）法的規制の対象とはなりません。

指定数量を超過して保管する場合は、「危険物の規制に関する政令」によって規制を受けます。

2　香料の安全性について

副作用の知識と注意

天然香料の取り扱いについては、香りの効用に伴う副作用に十分な注意を払う必要があります。そのため、原料（エッセンシャルオイル）の濃度を 10％前後に留めます。

なお、抽出部位の違う香料をいくつかブレンドすることにより、副作用を弱めることができますので、エッセンシャルオイルを 10％以下に希釈した複数の香料を使用するアロマフレグランスは比較的安全とも言えますが、アルコールに弱い方や下記の主な副作用には十分な知識と注意が必要です。

皮膚刺激

皮膚が弱い人が高濃度の香料を肌につけた場合、皮膚自体に問題が置き、赤くなったり、かゆみ、かぶれ、荒れなどが出たりします。

刺激が強いものは低濃度で使用しましょう。

（注意する香料）

オレガノ、シナモン、トンカビーン、クローブ、タイム、フェンネル

皮膚感作

感作とは、免疫システムに基づく反応で、人によっては香料によってアレルギー反応が起きることがあります。

パッチテスト（後述）をしてもし異常があらわれた場合は、ただちに使用を止めなければなりません。

（注意する香料）

オークモス、シナモン、フェンネル、アニス、イランイラン、パイン、メリッサ、レモングラス、ベイオレンジ、カモミール、シダー

ウッド、シトロネラ、ジャスミン、ジンジャー、ゼラニウム、タイム、レモンバーベナ、バニラ、ペルーバルサム、バジル、ベンゾイン（安息香）、ミント、スチラックス、レモン

光毒性

光との複合作用があって感作を起こす反応を、光毒性（光感作）と呼びます。

皮膚に塗布された状態で紫外線を受けると、皮膚と香料が反応し、紅斑、色素沈着、水泡などができることがあります。

柑橘系の香料に含まれるフロクマリン類にこの作用があり、ベルガモットのベルガプテンによる光毒性が有名です。

光毒性があると言われる香料を使用する場合は、12時間以上紫外線を避けなければなりません。

（注意する香料）

ビターオレンジ、ベルガモット、グレープフルーツ、レモン、アンジェリカ・ルート

神経毒性

香料の中には、神経に対する毒性を持つものがあります。

濃度や使用量に注意し、てんかんや高血圧の人には使用しないようにします。

（注意する香料）

ローズマリー、アニス、クローブ、コリアンダー、シダーウッド、シナモン、ジュニパー、フェンネル、タイム、ナツメグ、バジル、ブラックペッパー、ベイ、ユーカリ、ミント

妊婦に対する注意

香料の中には通経作用や子宮収縮作用、堕胎作用、ホルモン様作用、エストロゲン様作用のあるものがあります。

特に受胎から8週間までの胚子期には、細胞分裂が盛んで最も香

料の影響を受けやすい時期です。妊娠中の場合は、次の香料の使用は避けることが賢明です。
（注意する香料）
　シストローズ、フェンネル、メリッサ、ミント、クラリセージ、ミルラ、ローズ、ローズマリー、ラベンダー、ジュニパー、アニス、クローブ、サイプレス、シナモン

パッチテストについて

　ワークショップやセミナーなどで受講生が自身で調香されたアロマフレグランスについては、薬機法の対象とならないため、肌に直接つけることも可能ですが、肌の弱い方、アレルギー体質の方にはパッチテストをしたうえでのご使用をおすすめします。
　パッチテストとは、できあがったフレグランスを、肘の内側にコイン（100 円玉）大の大きさに塗布し、24 時間様子をみて安全性を確認するものです。
　もしも異常（赤くなる、痒くなる、痛む、腫れるなどの症状）が現れたらすぐに石鹸で洗い流すこと、また光感作を防ぐため、太陽光線（紫外線）にさらさないように注意する旨ご案内してください。

安全に楽しむために

　クライアントにアロマフレグランスを心地よく使っていただくためには、関連法規を遵守することはもちろん、安全性に関する知識が不可欠となります。特に次の点に留意しましょう。
□希釈濃度を守る。
□「化粧品」としての薬機法上の認可がない場合は、肌に直接塗布することのできないことを明確にし、間接的な使い方を説明する。
□刺激の強い（香りの強い）香料は少量の使用に留める。

おわりに

本書を手に取ってくださって、ありがとうございました。

これまで積み重ねてきたエッセンスをギュッと詰め込んだ内容になっていますので、気になるところは何度も読み返していただければ幸いです。

私が植物の香りに魅せられたのは、十数年前のOL時代、仕事で大きなストレスを抱えていたころ、帰宅途中に立ち寄った、アロマのお店がきっかけでした。

ふと手に取ったマジョラムというハーブのエッセンシャルオイルの香りを嗅いだ瞬間、それまで張りつめていた苦しい気持ちがみるみるラクになったのです。

自然の香りが持つパワーに驚き、それをもっと人に伝えたい、広めたいという熱い想いが湧き上がりました。

それから間もなくアロマテラピーインストラクター、ハーバルセラピストなどの資格をとり、アロマとハーブの教室「アロマローズ」を設立しました。今思えば、主婦でアロマとは全く縁のない金融関係の会社のOLだった私の無謀ともいえる方向転換でした。

最初は友人などに向けてセミナーを行ううち、アロマテラピーの薬理的な作用などの難しい知識に偏らず、もっと心地よく身近に香りを取り入れてもらうために、何かよい方法はないだろうかと考えるようになりました。

例えば、自分に合った香りを日常的に身に付けることで、アロマの癒しを日々の暮らしに役立てられたらと考えたのです。

それまでもともと、香水好きだった私はいろいろな市販の香水を試しました。そのうちにあることに気がついたのです。

どれ1つとして最後まで使えるものがない、というか数回使うと残り過ぎる香りがまたつけようという気にさせないということを。
ところが、数種類のエッセンシャルオイルをブレンドして作ったスプレーは心地よさを残したまま、スッと消えていきます。香りの芸術性や持続性にもの足りなさを感じるものの、飽きることはないということに気がつきました。
もちろんこれは私の個人的な嗜好によるもので、市販の香水の愛好者はたくさんいます。でも、私のように思う人もまたいるのではないかと思いました。
そうして、アロマテラピーの心身への作用と、香水（フレグランス）の複雑味があり洗練された香りを融合させた「アロマフレグランス」を思いつきました。
それからは天然素材のエッセンシャルオイルのみを使用して、香りの「芸術性」を追及したフレグランスを完成させたいと、試行錯誤の日々が始まりました。
まだ日本では天然香料のみを使った調香の技術を学べるところがなく、自分で希少香料を少しずつ取り寄せては調香の本を参考に調香してみることを繰り返し、香水の本場であるフランスでも短期でしたが調香の技術を学びました。
大きな期待を胸に渡仏したのですが、フランスでもやはり天然香料だけの調香は芸術性・持続性においてありえないというのが講師の先生（パフューマー）の意見でした。
しかし、日本人の嗜好や風土であれば、必ず受け入れられるはず、と何故か確信のようなものを感じて帰国したのが2010年でした。
その当時は、日本ではアロマテラピーとフレグランスは全く別のものという認識で、私のやりたいことはなかなか上手く伝わらず、仕事のうえで何度か悔しい思いをしましたが、そのうち必ず世間にその価値を認めてもらえるはずと信じる気持ちを抱きつつ、ようやく試行錯誤の果てにオリジナルのアロマフレグランス調香のメソッドを確立することができました。

2011年にアロマフレグランス調律協会を設立してからは、年々、私と同じ考えを持つ人がたくさんいることを実感し勇気づけられています。そして協会で学んだアロマ調香を自分なりにアレンジし進化させている若い世代の人たちを見るととても頼もしいです。

「アロマを調香する仕事が世の中に認められ、技術を持つ人が必要とされる時代」がやってきています。

ぜひあなたのアロマ調香の知識と技術を使って、天然植物の香りの優しく力強いパワーが、これからの時代を生きる私たちにとって不可欠なものであることを、より多くの方々に伝えてください。

本書に詰め込んだエッセンスがその参考になれば、こんなに嬉しいことはありません。

最後に、これまで一緒に協会を育ててくださった顧問の先生、理事に深く感謝します。また本を出版するにあたりご協力してくださった本部講師の楠尚子さん、そしていつも楽しいレッスンを開催くださる本部講師、認定講師の皆さまに、この場を借りて心からの感謝を申し上げます。

一般社団法人アロマフレグランス調律協会
井崎真奈美

著者略歴

井崎　真奈美（いざき　まなみ）

一般社団法人アロマフレグランス調律協会代表理事、株式会社アロマローズ代表取締役、アロマフレグランスデザイナー。旅行会社、生命保険会社を経て、2006 年にアロマとハーブの教室「アロマローズ」を設立。
アロマテラピーの薬効的な面がクローズアップされる中、いつも身近で優しく心地よい香りを楽しむことのできる、新しいアロマテラピーの形はないのかと模索するうちに、アロマのブレンドに関する知識と技術が必要不可欠であると実感し、フランスのパリ、グラースで香水の調香技術を身につけた後、香りの心身への作用と、香水（フレグランス）のような洗練された心地よさを融合させた「アロマフレグランス」の調香メソッドを確立。
2011 年にアロマフレグランス調律協会を立ち上げ、アロマ調香の知識と技術を持ち仕事に活かして活躍する人材を育成している。また、アロマフレグランス デザイナーとしてメディア出演、大手メーカー商品のアロマ監修、医療介護施設やホテル、ショップ、ギャラリーなどでのアロマによる空間演出など多彩な活動を行っている。

アロマ調香を極める！
アロマフレグランスの教科書

2021 年 7 月 26 日　初版発行　　2023 年 7 月 13 日　第 2 刷発行

著　者　井崎　真奈美 ©Manami Izaki
発行人　森　　忠順
発行所　株式会社 セルバ出版
〒 113-0034
東京都文京区湯島 1 丁目 12 番 6 号 高関ビル 5 B
☎ 03（5812）1178　FAX 03（5812）1188
https://seluba.co.jp/
発　売　株式会社 三省堂書店／創英社
〒 101-0051
東京都千代田区神田神保町 1 丁目 1 番地
☎ 03（3291）2295　FAX 03（3292）7687

印刷・製本　株式会社丸井工文社

Printed in JAPAN
ISBN978-4-86367-674-9